RAY SPANGENBURG and DIANE KIT MOSER 著

ノーベル賞学者

バーバラ・マクリントックの生涯

－動く遺伝子の発見－

大坪久子・田中順子・土本　卓・福井希一

共 訳

養賢堂

Makers of Modern Science

Barbara McClintock

Pioneering Geneticist

by

Ray Spangenburg and Diane Kit Moser

Translated by

Hisako Ohtsubo, Junko Tanaka, Suguru Tsuchimoto, Kiichi Fukui

Published 2016 in Japan under the Japanese translation rights arranged with
Infobase Learning through Japan UNI Agency, Inc.

Barbara McClintock

Pioneering Geneticist

RAY SPANGENBURG AND
DIANE KIT MOSER

Barbara McClintock: Pioneering Geneticist

Chelsea House
An imprint of Infobase Publishing
132 West 31st Street
New York NY 10001

ISBN-10: 0-8160-6172-6
ISBN-13: 978-0-8160-6172-3

Library of Congress Cataloging-in-Publication Data

Spangenburg, Ray, 1939–
Barbara McClintock: pioneering geneticist / Ray Spangenburg and Diane Kit Moser
p. cm.—(Makers of modern science)
Includes bibliographical references and index.
ISBN 0-8160-6172-6
1. McClintock, Barbara, 1902–1992—Juvenile literature. 2. Geneticists—United States—Biography—Juvenile literature. I. Moser, Diane, 1944– . II. Title.
QH429.2.M38S63 2007
576.5092—dc22 2006032356

Chelsea House books are available at special discounts when purchased in bulk quantities for businesses, associations, institutions, or sales promotions. Please call our Special Sales Department in New York at (212) 967-8800 or (800) 322-8755.

You can find Chelsea House on the World Wide Web at http://www.chelseahouse.com

Text design by Kerry Casey
Cover design by Salvatore Luongo
Illustrations by Chris and Elisa Scherer

Printed in the United States of America
MP FOF 10 9 8 7 6 5 4 3 2 1
This book is printed on acid-free paper.

For all scientists, both sung and unsung,
who, in the words of Carl Sagan,
have spent their lives lighting
"candles in the dark"

目　次

まえがき

本書では遺伝学者バーバラ・マクリントックを紹介する。彼女のトウモロコシを使った遺伝実験は、遺伝子工学や抗生物質に対する細菌の耐性の獲得など最先端の科学技術の研究に貢献しており、今日に至るまで高い評価を受けている。

マクリントックは自分が選んだ世界に決然として臨み、一生を捧げた。難問はいつしかやりがいとなり、彼女を虜にしたのであった。そして、次第にドラマチックな発見と達成の物語を作りあげていった。しかしその裏には常に「科学は女の仕事ではない」という当時の社会環境があった。マクリントックはやることは自分自身で決め、科学の最前線に挑んだが、女性がそのようなことをすることに対して評価が低かった時代に、彼女はそれを選んだのだった。

マクリントックが生まれた20世紀初頭は、遺伝学という科学はほとんど知られていない新しい分野であった。「遺伝子」や「遺伝学」といった言葉もまだこの世にはなかった。研究によって遺伝子と遺伝形質との間に関係があることは明らかになっていたものの、生きものの体内の数多くの組織の形質をごく少数の遺伝子がどのようにコントロールしているかは、当時の科学者にはまだ謎だった。生きものの複雑で込み入った構造と機能がDNAによって子孫に伝わるとは誰一人として想像もしていなかった。そもそもそのような物質の存在さえ考えにもおよばなかった。マクリントックはと言えば、19歳にして遺伝学のパイオニアとなるべくスタートを切る時を迎えていた。彼女が育て研究したトウモロコシのように、遺伝学という科学は彼女の人生の中とそのまわりで育っていった。研究者となってすぐにマクリントックは鋭い独創的な考え方をする人として、同じ専門分野の人たちから認められた。遺伝学は彼女のライフワークとなり、その後の彼女の人生そのものになった。20世紀は「遺伝子の世紀」と呼ばれるほどの爆発にも例えられる多くの発見がなされた。そして放たれた閃光は当時もそして現在にまでも輝き続けている。その中でもマクリントックの最も重要な発見である「動く遺伝子」は、現代も発展し続ける大きな科学分野のひとつである遺伝子工学の重要な土台となっている。

母校でありそして研究の出発点であるコーネル大学ではすぐに一目置かれる存在となった。明晰な頭脳、周到な実験計画、高い集中力、そして注意深い観察に基づく実験結果は人々に認められた。そして後に彼女は、研究人生の途中で数多くの栄誉を勝ち取った。たとえば41歳のときに米国科学アカデミーの会員に選ばれ、その翌年には米国遺伝学会の会長に選ばれた。しかし、その後突然、彼女のキャリアアップのペースは目に見えて落ちた。それは、彼女が研究者としての終身の地位を保証されたコールド・スプリング・ハーバー研究所で行われた1951年のシンポジウムで発表をしてからのことであった。多くのというよりほとんどの参加者は、彼女の結論は遺伝学の理論からかけ離れているとしか思えず、発表終了後もただ冷ややかな反応を返すばかりであった。彼らの脳裏には「マクリントックはトウモロコシ畑で働いているうちに、世界の遺伝学から取り残されてしまったのだろうか」という懸念すらよぎったのである。

マクリントックは深く失望した。しばらくしてコールド・スプリング・ハーバー研究所の年報以外では自分の研究結果を発表するのをやめてしまった。だからといって彼女は決してあきらめたわけではなかった。彼女の結論の証拠となるデータを集め続けていたのである。コールド・スプリング・ハーバー研究所もそんな彼女をサポートし続けた。そして月日は流れ、20年後に遺伝学者たちはマクリントックの仕事の重要性に気付き、30年後に正当な評価がもたらされた。そこに至るまでマクリントックは長く待たなければならなかったが、彼女には自分の研究に揺るぎのない自信があった。励まされなくても認められなくても、研究を止めることはなかった。彼女は自分の仕事を愛し、自身の価値を知っていた。

彼女の研究への評価は、科学で最も権威のある賞であるノーベル賞という形で訪れた。1983年、マクリントックは女性初のノーベル医学生理学賞単独受賞者となった。頭にすぐに浮かぶ疑問は「なぜ？」である。なぜマクリントックの貢献は、1951年の最初の発表のあと数十年間認められなかったのだろうか？ 1981年、最初の発表の30年後、タイム誌は彼女を「現代のメンデル」と称し、いろいろな面から2人を比較した。19世紀の僧侶であるメンデルと同じようにマクリントックは植物遺伝学者であり、何年にもわたって注意深く交配した数世代の植物から研究結果を得た。メンデルのように、彼女もまた一人で苦労の多い道を歩んだ。実験法を編み出し、修道院に似た静かな環境の中、研ぎ澄まされた儀式のように作業を繰り返し、実験を完遂した。またメンデルの時と同じく彼女の研究結果は長い間注目されることがなかった。遺伝学の別の分野の研究が発展を遂げ始め、ようやく彼女の研究の意義が認められだした。パズルに例えるなら、マクリントックの研究は最後の最後まで埋まる場所のわからないピースであった。1953年にワトソンとクリックがDNAの構造を解明し、そしてニーレンバーグ、ホリー、コラーナの3名が、DNAがどのようにタンパク質の構造を決めるかを示したとき、遺伝子の中には動くものが存在するというマクリントックの主張は真実味を帯びていき、そして、他の科学者が他の生物で可動性遺伝因子（動く遺伝子）を同定したとき、それは決定的なものとなった。

マクリントックは何よりも自身に正直であった。知識欲を満たすために、シンプルで他人に煩わされない人生を送った。彼女は全生涯をかけて、自然科学を追求することのみに集中した。気高い、英雄的、一風変わったと称されることが多いが、実際は、彼女は子供のように知ることに貪欲であることを貫いた一人の人間であった。ライフスタイル、逆境への対処のやり方においてだけではなく、内なる声に耳をすませるやり方において、彼女はロールモデルであった。

人々はよくマクリントックの物語を女性科学者への軽視や偏見の話だと言う。確かに科学は、マクリントックのような女性をどうでもいい低い地位に押し込め、その能力を殺してしまうような古い世界の最後の砦でもあった。マクリントックは、その時代の女性研究者たちと同様の差別を経験もしたが、同じ分野の男性研究者からの尊敬も受けた。彼女は、強く断固とした意志を持つ、能力のある女性の一人であった。そのような女性たちが障壁や限界を打ち破ったおかげで、今日大学に通う若い女性たちにとって研究者が職業の選択肢のひとつになっている。

同時に、彼女の性格は彼女自身の助けとなることもあれば妨げともなった。大学での管理職に就いている人達は、彼女のことをよく「やっかいな」「難しい」人と見ていた。彼女は、全てをこなせる自分自身の能力にプライドを持つ一匹狼であった。実験のあらゆる側面—トウモロコシの種子を播き、耕し、水をやり、授粉させ、種子を集め、それらをラベルし、顕微鏡のスライドグラスを準備し、結果を説明する。これらの作業は自分ひとりでやった。本人は楽しんでいたものの、メンデルのようにほとんどの時間を一人で過ごしたため、いつしか周囲から孤立してしまっていた。

この本はマクリントックと彼女の「細胞遺伝学」における研究の物語である。「細胞遺伝学」とは、細胞の中の因子がどのように遺伝形質と関連しているかを探求することで細胞の構造や機能を研究する学問である。彼女の物語は、メディアが言うところの「動く遺伝子」、正確には可動性遺伝因子、の画期的な発見と切り離すことはできない。そしてそこには、周囲の無理解にもくじけずに断固として結果を追い求める彼女の姿がある。また、彼女は、その創造力の原動力となった自分への厳しさと信頼の両方を持っており、この本ではそれら両方について探ってゆく。そして、仕事の上で見つけた楽しみ、最初に受けた拒絶で負った心の痛み、遺伝子の機能を理解する上での貢献、を含む彼女の人生について物語る。

これはまた、成功と失敗の間の微妙な違いを描く物語でもある。マクリントックにとって本当に重要だったのは、仕事そのものと日々の生活で得られる満足であった。彼女の関心は常に自分のやっていることに向けられ、どれだけ自分が集中し傾倒できるかが何よりも大事であった。

マクリントックは、一体どんな人物で、個性をどのように使って仕事を達成したのか？　彼女を最もよく知る人達は、「彼女には、自分は自尊心が高く、天才であり、同時に感受性が強く、孤独で、常に知的刺激を求めている、との自覚があった」と言う。彼女は熱心な語り手であり、物語の宝庫を持っていた。それは、最近の伝記作者や研究者によって、「神がかり的な話」「世間向け人格」とも呼ばれる。彼女は明らかに表向きの顔を使って、自分のイメージを注意深く作り出した。ほとんどの人々はマクリントックのように、少なくともある程度は自分自身のイメージを演出するものだが、この本はそれらを認識しつつ、はやりの心理学用語は使わずに、そのような考え方を若い読者のために探ってゆく最初のものである。マクリントックとのインタビューは彼女の晩年の10年から15年間にかけて行われた。時間がたって古びた色を帯びてしまった出来事を彼女が思い出す形で記した。最近の研究では、いくつかの話は彼女が思い出したようなものではなかったことが示されている。彼女がはしょったものもあれば、誇張したものもある。自分自身のイメージに合うように物語を作り上げたのである。それは自然なことであり、必ずしも故意とは言えない。たくさんの彼女の逸話がこの本には書かれているが、文章の中でそれらの意味を再確認し、見事に描かれた人生、彼女の言うところの「とてもとても満たされていて面白い人生」の一部として詳しく語られている。それが彼女を語る上での大切な前提であり、そしてそれが本当かどうかは誰も問うことはできないのである。

謝　辞

直接そして間接的に本書にご協力頂いた多くの皆様、コールド・スプリング・ハーバー研究所記録保管所管理係のC.クラーク氏、インディアナ大学のK.ワイス氏、ミズーリ大学のK.アンスティン氏、カリフォルニア工科大学のL.バストス氏、そしてマクリントックの姪にあたるM. M.バービナニ氏に深く感謝する。また、辛抱強く私達をいつも信頼してくれた、先見性と熱意あふれる編集者であるF. K.ダルムシュタット氏、そして調査を手伝って頂いた良き友人のL.アレン氏に感謝する。

科学史家で研究者でもあるL. B.カス博士に深い感謝の意を表する。カス博士はまもなく刊行される知的興味にあふれたマクリントックの伝記のために既に多くの文章を書かれ、マクリントックの生涯についても研究されている。マクリントックが研究し、そして教えていたまさにそのコーネル大学植物学科の植物学の客員教授であるカス博士は私達の原稿を何度も読んで下さり、数えきれない価値のある、洞察に富んだご示唆を頂いた。これにより自分たちの気がつかない数多くの誤りを避けることが出来た。カス博士は客観性の追求のためには疲れを知らず、かつ博士の時間、援助、知識、問題の解法を惜しみなく与えて頂いた。勿論、その上で何か誤りがあれば、それらは全て私達自身によるものである。

1.

知を追う人

(1902-1918年)

バーバラ・マクリントックは1902年6月16日コネティカット州ハートフォードで生まれた。この時代、遺伝学もまさにその揺籃期にあった。遺伝学ではその後、すばらしい発見が立て続けになされ、新しい20世紀の学問として大きく発展することになる。同じ年、イギリスの生物学者ウィリアム・ベイトソンはこう言っている。「遺伝の法則が確立されれば、人間の万物に対する認識と自然に対する支配に大きな変化が起こるであろう。それは、これまでどんなに自然科学が進歩しても起こることのなかった変化である」。ベイトソンは、20世紀が「遺伝子の世紀」として知られる時が来ることを言い当てていたのである。後に本当に自分の予言どおりになったことを知って驚いたことであろう。

マクリントックは遺伝学の発展にとてつもない貢献をした。数々の素質—鋭い好奇心、精力的な実験遂行力、細部への注意、完璧な実験技術、並外れて明快に全容を把握する力、そして、こうした全ての中で最も重要なこととして、観察結果を統合して重要な洞察を導く能力—を備えたマクリントックは、色々な意味でしかるべき時代と場所を得ると、才能を開花させるのに20年も要しなかった。

エリノア・マクリントック（後にバーバラと改名）はトーマス・ヘンリー・マクリントックとサラ・ハンディ・マクリントック夫妻の四人の

子どもの三番目として生まれた。マージョリー（1898 年生まれ）とミニヨン（1900 年生まれ）の二人の姉とマルコム・ライダー、通称トムは弟だった。

母親の家系は、メイフラワー号で新大陸に渡ってきた人々の子孫であった。成功者としての血筋や社会的地位、それらを象徴する富を誇りとする一方で、サラ・ハンディ自身は独立心旺盛であった。好きな言葉は、自由に生きた船乗りの祖父からのもので、「相手の考えを知らないうちは、ダメと言ってはいけないよ」というものだった。そしてサラは、当時は貧乏医学生だったトム・マクリントックと結婚したのだった。父親の思いに反する結婚であった。二人は、自分たちのお金を出しあって開業にこぎつけた。

当時の女性教育を受けたサラは、詩を作ったり詠んだりすることもできれば絵を描くこともできた。ピアノ演奏にいたってはお手のものであった彼女は、ピアノ教室を開いて家計の足しにした。若さゆえ、サラは自分の血筋にこだわることもなく、強い意志と自信と自立心に溢れていた。そしてこのようなサラの性格は娘のバーバラに最も強く受け継がれたのであった。

ひとり遊びをする子ども

サラはいつも働く母親として苦労していた。時間と仕事に追われ疲れ果てていた。その上、自分の両親と長く不仲が続いていた。そのせいもあって、バーバラは一人になることを好んだ。「来ちゃダメ、来ちゃダメ」と、バーバラが窓のカーテンに隠れる様子をサラは後になってよく話したものだった。

バーバラは幼少時に伯母（彼女の父の姉）と伯父のところにあずけられた。家族の元を離れて伯父の家で暮らすことは、たっての希望だったとマクリントックは後年明かしている。彼女の伯父は魚屋をしており、近隣の家に魚を売ったり運んだりするのにマクリントックを連れて歩くオープンな人がらであった。おそらくこの親戚の家で暮らしたことがきっかけとなって、マクリントックは屋外での活動を好むようになったのであろう。

1908 年、バーバラが 6 才の時、一家はニューヨークのブルックリンに移り住んだ。トム・マクリントックは開業医として成功し、家族はロングビーチ周辺の郊外で夏を過ごすようになった。バーバラは海岸沿いをどこまでも歩いたり、犬を連れて走るのが大好きだった。スッと背筋を伸ばし、足を前後に大きく開いて空を飛んでいるかのように走ると心の底からわくわくした。彼女にとってこの動きは禅にも似た一種の自己解放のようなもので、すっかり夢中になった。またいくつになっても、問題を解決するため集中力を高めたい時には、このポーズで走った。

バーバラはあいかわらず一人でいることが好きだった。それは、読書や座って思いにふけることであり、家族もやがて、彼女にとっては一人で思いにふける居場所が必要なのだと理解するようになった。何十年も後に、科学史家のケラーにインタビューをうけた時、彼女の姉のマジョリーは「バーブズは、バーブズであっただけ」と言った。家族はすでにわかっていたが、バーバラはとにかく変わった少女であった。

彼女が成長するにつれて、マクリントック家の人々はバーバラが自由や独立を望むことを理解し、その気持ちを大切にするようになった。そ

(写真) バーバラ・マクリントックと姉弟たち（左から右へ）：ミニヨン、マルコム・ライダー（トム）、バーバラ、マジョリー、1907 年頃（米国哲学協会を通じて、マジョリー・M・バウナーニ 提供）

して、彼女に対する家族の理解と信頼こそが、生涯を通じて彼女の成功の鍵となったのであった。バーバラがアイススケートに興味を持てば、両親は選りすぐりのスケート靴を買い与えた。そして、それにとどまらず、アイススケートを練習するために学校を休むと言えば、それさえも許した。バーバラがズボンをはき、近所の男の子たちとチームを作ってスポーツをしていることをとやかく言うおせっかいな隣人もいたが、母親はバーバラの味方であった。

マクリントックには名前を思い出せるような女の子の友達が子供時代にいなかった。彼女はケラーに言った。「遊び方が違っていたので女の子とは一緒に遊びませんでした。私は体を動かすことが好きでした。アイススケートやローラースケートそしてサイクリングが好きで、それにキャッチボールの投げて受け取るというあのリズム。あれは素晴らしかったわ」。しかし、練習の時には仲間の一人に入れてくれた野球のチームメイトでさえ、彼女が遠征試合についてくるとなると、困り果てた揚げ句、結局女の子であるという理由でバーバラを試合に出場させなかったのである。その時、ちょうど相手チームのメンバーが一人足りなかったので、彼女は相手チームのメンバーとして出場することになった。その結果、彼女のもともとのチームが負けて、かえって相手チームを手助けすることとなり、帰りの道中で、裏切り者と呼ばれることになってしまった。マクリントックはこう言い返した。「だからあなた達は勝てなかったのよ。一回、一人になってみたら」。

成長するにつれて、マクリントックは「自分は一人でいることが苦にならず、自立していて、人と違った考え方をする」と自覚するようになった。そして、彼女は自分が独立独歩であって、魂の自由を保っていることに満足していた。遺伝と環境、一体どちらが彼女の科学者としての資質により影響を与えたのかは、誰にもわからない。母親が語る思い出話を聞いても「自分はやっぱり変わった子だったんだわ」と我ながら認めたものであった。例えば、楽しそうに枕の上に座り、一人で何時間も遊んでいるという、他の子はまずしないことをやっていたそうだ。幼い頃を振り返っても、やはりマクリントックは孤独を愛する人間であったということだ。この独特な性格が彼女の生き方やライフワーク、そして課題に対する考え方や解決法の礎となったのである。マクリントックは、大人へと成長する間も、後に科学者として生きた日々の中でも、一人でいる時間をひたすら考える時間として使ったのであった。

しかしバーバラが思春期を迎えた頃、それまでは彼女の行動を許してきた母親も、無邪気な子供のお遊びからは卒業し、女性らしさを身に付けてもいい頃だと、急に態度を変えた。バーバラにも人生の伴侶となる男性を探すという大切な時が来たと母親は思ったのだ。

あくなき知識への渇望

マクリントックはいつも人とは違う考えを持っていた。彼女はブルックリンのエラスムス・ホール高校で恋をしたが、その相手は母親が想い描いた結婚にふさわしい若い男性ではなく知識だった。「知識に恋をしてしまったの」と彼女は後に伝記作家で科学思想史家のケラーとのインタビューでうちあけた。「新しいことを知りたかったんです」。(ケラーはこのインタビュー後、1983 年に「A FEELING FOR THE ORGANISM - The Life and Work of Barbara McClintock」を W. H. Freeman and Company 社から出版した：訳者註)

エラスムス・ホール高校での年月を通じて彼女は科学に魅了されていった。彼女にとって、問題を解くことはまさに「純粋な楽しみ」になった。彼女はしばしば授業で出される問題を普通とは違う方法で解き、誰に言われるでもなく自らいくつもの異なった解決方法を考案しては解答に辿り着くことをやってみた。この時期に、調べに調べ、強い好奇心を持ち、知的な挑戦を愛し、常に解を追求する人格が形成されたのであった。そして熱烈な好奇心と生まれながらの問題解決能力を活かして、ものごとの優先順位を見極める直感力を高め、自分の研究分野で重要となる課題に正確に狙いを定める能力を身に付けていった。エラスムス・ホール高校の教師たちもそんな彼女におおいに期待をかけたのであった。

ブルックリンとエラスムス・ホール高校

マクリントック家がブルックリンに越してきたのは1908年であったが、マンハッタンとその東に位置する区のブルックリンは、すでにその25年前からブルックリン橋で繋がっていた。その地域の人口は急激に増えていたが、1940年代頃はまだ町のはずれには落ち着いた田園風の風景が広がり、イタリア系住民が経営する市場向けの野菜農園が点々と見られた。

バーバラ・マクリントックと彼女の姉弟が通ったエラスムス・ホール高校は1787年に、生徒数たった26人の小さな私立学校として設立された。高校はフラットブッシュ通りと教会通りの角に位置し、ニューヨーク州から最初に認可された高校である。この高校は、歴史上、ずっとニューヨーク州の公立高校の模範校であったので、今日では「最高の高等学校」として知られている。想像力と創造性を養う教育環境であることに疑いはなく、驚くほど多種多様な分野に著名人を輩出している。その中には俳優のジェフ・チャンドラーやスーザン・ヘイワード、バーバラ・スタンウィック、エリー・ウォレシア、メイ・ウェスト、歌手のバーバラ・ストライサンドやジェームスD-トレイン・ウィリアムス、ベバリー・シルズ、チェスチャンピオンのボビー・フィッシャー、作家のバーナード・マラマッドやロバート・シルバーバーグ、ミッキー・スピレイン、そしてもちろん遺伝学者のバーバラ・マクリントックがいる。

大学：進路に悩む

バーバラが高校生の時、父親は第一次世界大戦に従軍するために一時家族を残して戦地に赴いた。アメリカ州兵の一員として、軍医となってヨーロッパ戦線に配属されたのである。その間に、バーバラと姉妹は年頃の娘になっていた。マジョリーもミニヨンも優秀な学生で、マジョリーはヴァッサー大学から奨学金を受給することが決まっていた。ヴァッサー大学は一流の（しかも学費の高い）女子大学であった。母親は高学歴の女性に対する世間の目と経済的負担を心配していた。若い女性が学士号を取ると、より知的には見られるものの結婚は縁遠くなると考えていた母親は、マジョリーとミニヨンに進学を諦めるように説得した。夫の不在中の母親ひとりの決断に姉妹はしぶしぶ同意して、マジョリーは奨学金を諦めたのであった。

バーバラはそう簡単には従わなかった。すっかり心を奪われてしまった知の追求を諦めることなど出来はしなかった。母親が若い時にそうしたのと同じように、彼女もまた自分にとって何が本当に大切なのかと自問して決めたのである。母親は自分の娘が大学で教育を受けることによって「変人、つまり、社会からはみ出た人間」になることを怖れていたため頑ななままであった。母親としては娘が大学教授になってしまうという最悪の事態は想像に耐えられなかった。その当時、アメリカでは女性に投票権さえなく、若い女性の将来は一般的に未来の夫の才能と社会的そして経済的地位で決まっていた。

後に、ケラーとのインタビューの中で、マクリントックは大学進学を諦めようとしなかったことについてこう語っている。「自分の責任で、自分が楽しめることをやろうとしてたのよ。そのためには、痛みをとも

(写真) マクリントックの家族（左から右へ）：マジョリー、マルコム・ライダー（トム）、バーバラ、ミニヨンと中央のピアノを弾く母サラを囲んで、1918年頃。(米国哲学協会を通じて、マジョリー・M・バウナーニ 提供)

なっても構わないと思っていたわ。進学することは、他人にひけらかすためではなく、むしろ自分にとって健全な精神を保ち続けるためにはそうするしかなかったのよ」。

とは言うものの、お金がなく、大学進学が難しくなっていた。高校卒業後、彼女は昼間は職業紹介所でアルバイトをし、夜は図書館で勉強した。夏の夜はまたたく間に過ぎ去り、秋学期は目の前に迫っていた。そして戦争が終わり、父親がフランスから戻ってきた。初めのうち、彼は妻の判断に同意していたが、本当は父親にとってバーバラはずっと特別の存在であった。後年、マクリントックがケラーに語ったところによると、「父は医者でしたが、私が大学院まで進学したいと思っていることをはじめから気づいていたのよ。私が医者になることは望んでいなかったわ。医者なんかになると、ひどい扱いを受けると考えていたようね。その当時、女性はそういうひどい扱いをうけるのが常だったの。父はいろいろ助言をくれたけど、やめろとは言わなかったわ。父は私を支えてくれたし、誰よりも私を信じてくれたのよ」。とどのつまり、末娘は、父親をうまく味方につけたのであった。バーバラは大学に進学することになった。

2.

謎解きとしての科学

（1919-1927 年）

バーバラの決意は固かった。サラはすぐに考えを改め、大学に行きたいという娘の希望を叶えるために行動を起こした。二人はすぐにコーネル大学への進学を決めた。この大学はニューヨーク州の住人であれば授業料を免除していたからである。一旦、吹っ切れると、サラは以前バーバラの進路について反対していたのが嘘のように、バーバラの心強い味方となった。夏はすでに終りを迎え、履修登録はその次の週から始まることになっていた。60 年経ってマクリントックはこの時のことを次のように思い起こした。苗字が M から始まる学生は火曜日に入学手続きをすることになっていた。そのため、サラはエラスムス・ホール高校に問い合わせ、出発の準備をした。バーバラはニューヨーク州北部のイサカという町にあるコーネル大学に月曜日に着いて、下宿先を見つけた。火曜日、朝早くから入学手続きのために列に並んだバーバラの前に、受付け係が大きな障害となって立ちはだかったのであった。「あなたの書類はどこだったかな」と受付け係は大声で言った。マクリントックは取り乱すことなく入学書類のことなど何も知らないと説明し、その場を動かなかった。まさに正念場だったがマクリントックは決してひるまなかった。気まずい時間をやり過ごしていると、まるで魔法のように書類の束が到着し、彼女の書類はその中にあった。受付け係に手で前へ進む

科学と女性

1919年までの数十年間、若い女性が大学入試を受けるケースはあまりなかった。受けたとしても、入学を許された女性はほんのひとにぎりに過ぎなかった。大学を卒業後、知識や才能にふさわしい職を得ようとする数はさらに減った。不平等はヨーロッパではさらに大きいものであり、女性が授業の聴講（つまり、履修証明を取らずに授業を聴講すること）を許されることすら幸運であった。そして2, 3年して並外れた才能を証明できたら、授業を任せてもらえることもあったかも知れない。ただし、無給でである。ドイツの数学者アマリー（エミー）・ネーターはまさにその一例である。そうは言っても、1904年になる頃には、ドイツのエアランゲン大学は女性の入学禁止という規則を撤廃した。1908年にネーターは最も高い名誉である最優等で博士号を取得した。

それに比べると、アメリカはもう少し進歩的だったようである。19世紀末期から20世紀初頭にかけて、ハーバードのような男子大学と提携のある私立女子大学の中には、政府から正規に認可を得て女性に高等教育の場を提供したり、女性を教員として迎えるところさえあった。さらには、男性と一緒に女性が入学することを許可した大学も二つあった。一つは、オハイオ州のオーバリン大学、そしてもう一つは、マクリントックが選んだニューヨーク州イサカにあるコーネル大学であった。ちょうどこの頃、数名の女性研究者がやりがいのある仕事として科学の道に進んでいた。彼女達の研究は評価されたものの、それは決して男性と対等な評価ではなかった。こうした人たちには、マリア・ミッチェル、アニー・ジャンプ・キャノン、ヘンリエッタ・スワン・リービットの名前が上げられる（全て天文学分野である）。

マリア・ミッチェルは大学に通わず、父から天文学を学んだ。1847年彗星を発見し、当時はもっぱら男性が受賞してきた賞を受賞した。その中には、米国芸術科学アカデミー（女性で初めて受賞）、米国科学推進協会、米国哲学協会の賞もあった。彼女はヴァッサー大学で天文学の教授として長年勤めた。

アニー・ジャンプ・キャノンは1884年にウェルズリー大学（私立の女子大学）を卒業して、その後ウェルズリー大学とラドクリフ大学（ハーバードと提携のある私立の女子大学。ラドクリフ大学の学生がハーバード大学に入学することもあった）で修士号を取得した。キャノンは1896年に職員のほとんどが男性であるハーバード大学天文観測所に入所し、1911年に天体写真技術の技官になった。彼女は、350,000 種類以上の恒星スペクトルのカタログ化に貢献したことでよく知られているが、また 300 個ほどの変光星と 5 個の新星を発見しており、偉大な天文学者として幅広く尊敬されている。

ヘンリエッタ・スワン・リービットはオハイオ州にあるオーベリン大学に入学後、ラドクリフ大学（当時は「女性のための教育指導協会」と呼ばれていた）を卒業した。リービットはキャノン同様、ハーバード大学天文台で働いており、1895 年にはボランティアとして、その後は時給 30 セントを受け取って働いていた。そこで彼女は 1777 個の変光星を発見したが、さらに重要な発見が、1912 年のケフェイド変光星の周期と光度の関係の発見であり、これが彼女の名を世に知らしめることとなった。この発見は、銀河系外における星団や星雲との距離の測定精度を大いに向上させることとなった。これがリービットの主な業績である。しかし不幸な事に、彼女はその天文台の雇用主から、発見後の観察を自由には行わせてはもらえなかった。

（写真） ヘンリエッタ・リービット（1868-1921）は宇宙の大きさを測定する方法を発見した。（マーガレット・ハーウッド、AIP Emilio Segre Visual Archives, Sharpley Collection 提供）

ように合図されたマクリントックは無事入学できたのであった。

コーネル大学での入学手続きの日の話は、生涯にわたってマクリントックに「自分は生まれつき“幸運”である」という確信を与えることになった。彼女は「なぜ」そして「どのようにして」自分の書類がその場所にタイムリーに現れたのか、さして不思議な出来事とは思わなかった。もっとも、バーバラの姉のマジョリーは、これはサラが陰で奔走した結果、うまくいった例だとほのめかしてはいるが。実際はどうであれ、バーバラにとっては騒ぎ立てることではなかった。彼女は淡々とこのすこぶる満足のいく結果を受け入れて、自分の前に開けた道をひたすら進み続けたのであった。この一連の出来事から、バーバラはその後の生涯にわたって、自分の身に起きたことを決して大げさにとらえない力を身につけたのであろう。姉弟の中で唯一大学に進学できたのも「ただ自分は幸運だっただけ」と受け入れたのであろう。いずれにせよ、運という考えは合理性を欠くにせよ、マクリントックにはこの考えを受け入れることに何ら抵抗はなかった。

コーネル大学時代（1919–1923 年）

マクリントックは、女性が高等教育を受けるのであれば、コーネル大学がいくつかの点においてその時代の先駆的な大学であることを知っていた。コーネル大学は私立の高等教育機関としてエズラ・コーネルとアンドリュー・D. ディクソン・ホワイトによって 1865 年に設立された。銀行家でもあった創設者エズラ・コーネルが「私は誰にでもあらゆる学問を修めることができる教育機関を設立する」と掲げた言葉にも現れているように、民主主義的な建学の精神をひろく謳った大学であった。志願者は、性別や国籍、人種、社会的地位、宗教にかかわらず歓迎されたのであった。

コーネル大学はまたニューヨーク州の連邦土地交付大学*であった（今現在もそうである）。それはコーネル大学が富裕層に伝統的なアイビーリーグの教育を提供する一方で、州から助成金の出る学部には授業料免除のコースを設けたということであった。その一つに家政学と農学を両方学べる農学部があった。マクリントックは教育の面でも経済の面でもとてもよい選択をした。彼女は農学部の学生として、コーネル大学

（* 訳注　連邦土地付与大学とも。高等教育機関設置のために連邦政府の土地を州政府に供与することを定めているモリス・ランドグラント法の適用を受けたアメリカの大学のこと）

の学生が受けられる全ての授業で授業料を免除された。

数十年前に比べて、1920年代にはマクリントックのように女性が大学に進学することは珍しくはなくなっていた。驚いたことに、1920年代のアメリカでは、大学院生のおよそ30から40%が女性であり、理学や工学の博士号を持つ学生のおよそ12%が女性であった。統計的に見て、この値はそれ以前にも、そしてそれ以降1970年代にいたるまで最も高い比率であった。米国中をみると、多くの研究分野の内、ほとんどの女子学生は生物学を専攻し、その多くは遺伝学を学ぶことを目的に植物学を専攻した。しかし、一旦女性が科学の道に進むと、女子大学で科学の教員になる以外に就職先はなかった。研究職に就く機会などほとんどなかったのである。総合大学、単科大学、民間企業、公的機関のどこにおいても、研究職に就くことが出来るのはほぼ男性のみであった。このように困難に満ちていた時代背景を考慮に入れると、なおのこと、彼女の偉業に人は感銘を受けずにはいられないのである。

コーネル大学での生活は、まさに彼女が望んだ生活そのものであった。彼女は新しい考え方を受け入れ、問題を解決し、知識を吸収しては知的な感動を得る生活に夢中になった。

大学での友人との生活も始まった。マクリントックは、学寮の広い角部屋に集まる女子学生のグループと親しくなったことを長く記憶していた。彼女は、そのグループの中で、ユダヤ人ではない数少ないメンバーの一人で、しかもその中で唯一の理系であった。そしてウイットの効いた会話と知的な討論を楽しんだ。自分がコーネル大学の中でその他の大勢とは異なるメンバーの一人であることも気に入っていた。また、ユダヤ文化に対する興味からイディッシュ語の読み書きを覚えたと後に語っている。

マクリントックは、一年生の終わりには女子新入生の総代に選ばれた。彼女の外見は伸長152 cmを少し上回る程度の小柄で、か細くきゃしゃであったが、内面はというと、個性的で、冗談を言えばおもしろく、本当に楽しそうに笑うマクリントックは社交的で人気者であった。

一年生の時に、彼女は宣誓をして、女子学生社交クラブに入会したことがあった。しかし、すぐにそのクラブの持つ「この人は仲間に入れるけど、あの人は入れない」といった差別意識に嫌気がさし、早々に退会してしまった。マクリントックは、クラブの集まりから身を引こうと、その誓いを取り消した。彼女は、その先の人生においても名誉ある賞を手にしたり、様々な専門分野の学会員に選出されるとそれにともなってついてくる特権や称賛に違和感を感じずにはいられなかった。女子学生社交クラブでの経験について、後に、ケラーに次のように語っている。「女の子の多くはとても素敵な子たちだったわ。でも、すぐに私は入会できる人とできない人がいることに気がついたの。線引きをしては人を分類する。私はそれを受け入れることができなかったわ。それで、しばらくの間考えたすえ、誓いを取り消したのよ。私はこういった差別に耐えられなかったの。はっきり言ってかなりショックだったわ」

マクリントックは人生のほとんどを一人で生きてきたように思われている。実際、彼女はケラーに話したように、日常生活で男性と一緒に居たいと感じることは全くなかった。コーネル大学の学生時代、特に最初の二年間はよくデートをしたが、彼女はこういった関係は「親しい友達以上でも以下でもなかったわ」と言っている。

彼女はケラーとのインタビューの中で「男女の恋愛関係など、したところで長くは続かなかったでしょうね」と言い切ったことがある。マクリントックは、人の人生に自分を合わせることで自分が成長することはないと考えていた。「誰かを愛するということはそんなに必要ではなかったの」と彼女は続けた。「私は本当に男性を愛することはなかったし、決して結婚を必要とは思わなかったのよ。自分でも未だにわからないけど・・・一度も結婚したいと思わなかったわ」

マクリントックが成功したのは科学の分野だけではなかった。無心かつ無我の境地で、彼女はベストの結果を出すことができた。「自分」というものを客観的に見ることができる時が最も幸せだった。それは、浜辺を大またで飛び跳ねて走り回っていた子供時代と同じだった。彼女はすでに子供時代から、自分自身を客観的に観察することで自分を外側から操作することにある種の喜びを感じていた。これは彼女が科学の中に見出した最高の喜びであり、研究を進める上での才能であった。研究が無上の幸せであり、天賦の創造性を武器に、厳然たる科学法則に基づいて難問の解を導き出す。そして最終的には必ず結論を出して見せることに喜びを感じる。それがマクリントックであった。

マクリントックは自分の中の優先事項をその時々で一つずつ臨機応変に置き換えた。課外活動として、学部時代はジャズコンボの一員としてテナーバンジョーの演奏に熱心に取り組んだ。数学や科学を専門にする多くの学生と同じく、彼女は音楽理論とその数的構造に惹かれたのだ。その上、演奏については生まれながらの才能があった。彼女と友人グループはよく地元のカフェや、コーネル大学がある丘から下ったところにあるイサカの街にある会場でお金をもらって演奏した。冬の間は、凍りついた急な坂道を歩いて下りるのはなかなか大変なことで、歩くのをやめて、氷の上にしゃがみこんで滑って坂の下まで下りたこともあった。この話をすると彼女はいつも愉快そうだった。進級にともなって科学の勉強がいよいよ本格的になるにつれ、彼女は大学での課題をこなすためにもっと多くの時間が必要なこと気づき始めた。ある晩、短い曲を演奏している時に突然眠りこけてしまった。バンド仲間はみんな「別に気にすることはないよ」と口をそろえたのだが、彼女はこれをきっかけにバンジョーの演奏をやめる決心をした。

マクリントックは、研究に没頭するための彼女独特のライフスタイルを築きつつあった。1年生の初めに、長い髪は自分には邪魔になるだけと思い短くした。数年後、「ボブカット」は同世代の若い女性の間で広く流行したが、1919年から1920年にかけては、その髪型はまだ人目をひく斬新なものであった。マクリントックの合理的な考え方は、大学院生の時実験圃場用の作業着を選ぶ時にもよく現れた。スカートとドレスでは植物を扱うには邪魔で色々面倒になると考えてニッカボッカ（ゴルフパンツのような膝丈ズボン）をはくことに決めた。これも彼女が自ら賢明かつ斬新な選択をした一つの例であろう。
マクリントックのこのような当時の女性としては特異なライフスタイルは、初めて遺伝学の授業を受けた頃、つまり大学3年生の頃には定着し始めていた。遺伝学に対する関心も高まり、同時に彼女は将来有望と見込まれたため、大学院課程の授業とセミナーにも引き続き出席するよう声をかけられた。「1922年1月に学部の遺伝学の授業が終わった時、担当教官のクロード・バートン・ハッチソン博士から電話をいただきました。ハッチソン先生は、コーネル大学でもう一つだけ開講されていた遺伝学の授業を受けるよう、私に勧めて下さいました。先生は私が授業内容に強い興味を持っていると感じたに違いありません。その授業は大学院生対象のものでした。私は喜び勇んで先生の勧めを受け入れました。明らかに、この電話は私の未来を決めたのです。それ以来ずっと遺伝学の研究に携わったのですから」と後にマクリントックは書き記している。
マクリントックは1923年にコーネル大学で学士号をとった。その頃には、彼女は心から科学に魅せられていた。謎に満ちた自然現象を解明するための科学的かつ系統的なアプローチに魅了されたのだった。今の時代と変わらず、当時も遺伝学は瞬く間に注目の最先端科学となった。マクリントックは日進月歩の発見に惹きつけられていった。

遺伝学の誕生まで

マクリントックがコーネル大学で研究を始める以前から、農家や畜産業者、博物学者らは何百年、いや何千年にもわたって、動物や植物における親から子供へ伝わる形質を調べてきた。飼っている家畜のことは常に彼らの心配の種であった。(病気に強いというような) 役に立つ形質を伸ばし、(例えば、病気に弱いといった) マイナスの点は抑えようとしてきた。畜産業者は形質がどんな形で親子代々受け継がれるのか必死になって知ろうとしていた。食糧や医薬、鑑賞のために栽培される植物でも、事情は同じであった。しかしながら、19世紀後半にグレゴール・

ヨハン・メンデルという聖アウグスチノ修道会の修道士が現れるまで、遺伝の要因とプロセスを科学的に考察した人は誰一人いなかったのである。

園芸と言う名の科学

メンデルは彼の計画を壮大な遺伝実験というよりは趣味の園芸の延長と考えていたのであるが、科学者がそうするように熱心に詳細な実験を行った。それは彼の植物育種の才能と数学の才能が融合された実験で、前例のないアプローチであった。そして何年にもわたり莫大な労力を要する前人未踏の計画に着手したのであった。理由はただ一つ。他の科学者が「科学する」のと同じ、抑え切れない好奇心を持っていたからであった。

メンデルは男子修道会に入るとすぐに、色の違う花どうしを交配しようと試みた。当時、この程度のことは珍しくはなかった。何世紀もの間、園芸家たちは花の色をコントロールし、競って美しい花を咲かせようとした。メンデルも交配実験を繰り返し植物の人工受粉の経験を積んだわけだが、その間にある奇妙な結果に気づいた。ある純系どうしを交配した時には、一定の法則に従って同じ交配結果を得られるのだが、正反対の形質を持つ系統を両親に持つ雑種植物どうしを交配すると、親である雑種植物とは違う奇妙な形質をもった子孫がいくつか出てくるのである。この奇妙な出来事にメンデルは悩み、その現象を何とか解釈したいと考えたのである。

雑種どうしの掛け合わせ実験を始めた頃は、メンデルはこの重要な結果に気づかなかった。もちろん、それまでに異なる形質を示す子孫の数を数えて発表した研究者はいなかったし、子孫を形質ごとに分類しようとした研究者もいなかった。世代を超えて追跡して報告をした研究者もいなかったし、統計学を用いて結果を出そうとした研究者もいなかった。それでも、数学的思考法を持つメンデルの視点からは、こうしたアプローチは合理的であった。1865 年、彼はエンドウマメの交配に関す

修道士であり科学者であるグレゴール・メンデル（1822–84）

少年時代、グレゴール・ヨハン・メンデルは荘園領主の荘園で果樹の手入れを手伝った。若い頃にこの作業に従事した時が、彼のアマチュア植物学者としてのスタート地点だったといえよう。後に生活費のために家庭教師をしたこともあったが、1843 年、彼は最終的にモラヴィア地方ブルノのアウグスティノ男子修道院に入会した。21 歳の時だった。メンデルの生まれた国、オーストリアの学校に教師を派遣していたアウグスティノ修道院は、1851 年、数学と科学の指導法を身に付けさせるために、彼をウィーン大学に入れた。メンデルはどうやら神経質な若者だったらしく、試験に三度も落ち神経衰弱状態になってしまった。しかし、最終的に彼は全課程を履修し、1854 年に教師となった。

メンデルは、大学での勉学を終えてすぐに実験に取りかかった。その実験こそ、現在、科学者たちに遺伝学で最も偉大な実験の一つとして認められている実験であった。その過程で、メンデルは詳細な自分の統計結果からそれまで誰も報告していなかった法則性に気づいた。彼の成果は大きな反響を呼ぶはずだった。しかし、地元の博物学会で彼が実験結果を発表した時、期待した反応は得られなかった。

（写真） 遺伝学のパイオニア、グレゴール・メンデル（1822–84）は修道院の庭で行った革命的な科学実験によって遺伝の基礎理論を築いた。（米国国立医学図書館提供）

メンデルは落胆したものの、あきらめはしなかった。自分が全く無名の素人であることが原因と悟った彼は有名な植物学者の後援を得ようと考えた。1866 年、彼はスイスの植物学者カール・ウィルヘルム・ネーゲリに論文を送った。しかし、その論文はネーゲリにとってはあまりに数学的すぎた。ネーゲリは、進化は世代を経る過程での「混合」によっておこる連続的で円滑な過程でなく、突然に起こるものであるということにうすうす気付いてはいたが、メンデルの完璧な統計結果に基づく論文にピンと来ることはなかった。

それでも、メンデルは 1865 年に行った彼の講義を論文として出版するように勧められた。そして、1866年、それらは博物学会の会報に掲載され、続いて、1870年のもう一つの実験結果も出版された。しかしながら、彼の論文はわずか数人の目にとまっただけだった。読まれたとしても、その論文は数学が得意な人たちにとっては植物学的すぎたし、ネーゲリのように、植物学が専門の研究者にとっては数学的すぎたのであった。

その結果、遺伝学の歴史の中で最も説得力のある情報は35年以上ほとんどかえりみられなかった。メンデルは、自分が遺伝学全体の基礎を確立したことで著名となり、尊敬される日が来るとは知らずに1884年に亡くなった。

る重要な結果をブルノの自然科学会誌に投稿し、翌年、論文として出版された。

メンデルはさらに研究を進めた。彼は必要な系統の統計データを得るためには多数の植物個体を何世代にもわたって栽培する必要があると考えていた。少数の植物個体を使った実験では十分な数のサンプリングを行うことができず、間違った結論を導くことになっていたことだろう。後になってメンデルは自分の論文の序文で述べているが、「実際にはこのような膨大な実験をするには勇気が必要だった。しかし、この方法は生物の進化における重要な課題の解決に辿り着くことができる唯一の方法と思われた」と述べている。

1856年から1864年まで、彼は修道院の庭でエンドウマメを育て、何世代にもわたってその形質を注意深く記録した。その結果、この一介のアウグスティノ会修道士が遺伝の基本法則を世界で初めて発見したのであった。彼は綿密な交配実験を行い、何千もの植物体を注意深く観察し詳細に記録した。そして、ついに彼を最も有名にした観察結果が、修道院の庭のエンドウマメから生まれたのであった。

彼がエンドウマメを実験材料にしたのは、それまでに園芸家が長い時間をかけて純系を育てることに成功していたからである。例えば、当時すでに、草丈が常に低い系統や、常に高い系統が作り出されていた。さらに、エンドウマメは自家受精するが他家受精も可能である。この性質によって、いくつかの興味深い実験が出来るようになった。彼は、容易に分かりかつはっきりと対立形質の間が区別出来る7つの形質を持つエンドウマメの系統を対にして観察の対象として選んだ。例えば、草丈の高い植物と低い植物、丸い種子としわのある種子、緑の子葉（発芽種子から初めに生じる葉）と黄色の子葉、膨らんださやと縮んださやなどである。メンデルはこれらの対になる形質の中の一方をもつ植物体を選ぶと、それとは対照的な形質をもつ植物体と交配した。この実験を行うにあたって、まず自家受粉を防ぐために花からおしべを取り除いた。次に、対照的な形質をもつ植物から少量の花粉をとり、その花粉を花の柱頭につけた。さらに、風や昆虫による受粉を防ぐため雌花を袋で包んだ。他家受粉した植物は種子を実らせた。彼はその種子を集め、リストを作り、次の世代にどちらの形質が現れるかを見るために、集めた種子をもう一度播いて調べた。最後に、彼は雑種どうしで他家受粉させ、何が起きるか観察した。常に注意深く記録をとり続け、雑種後代にあらわれてくる形質を記録した。メンデルはその実験を何度も繰り返して行った。

その過程で、純系の草丈の高い植物体と純系の草丈の低い植物体とを交配すると、その雑種第一代は全て草丈の高い植物体となることを見出した。それはあたかも両親とも草丈が高い植物からの子供のように見えた。草丈の高い植物体と低い植物体のどちらを母親にするかには関係なく、結果は全て同じであった。メンデルは雑種第一代に現れた形質（この場合、草丈が高い形質）を「優性形質」と呼び、現れなかった形質を「劣性形質（この場合、草丈が低い形質）」と呼んだ。次に、彼は雑種第一代どうしをさらに交配した（どちらも草丈の高い植物であるが、実際にはそれらの片親は草丈の低い植物）。彼はこの交配実験を数百通り行い、その結果、草丈の低い植物体と草丈の高い植物体を得た。彼はその数を数え、この2つの形質が現れる比率を計算した。草丈の低い植物体は277本であり、草丈の高い植物体はその約3倍の787本あった。彼の結果は図1に示されているとおりである。

メンデルは研究した７つの形質の全てにおいて、優性形質と劣性形質の間で統計的に同じ分布（わずかな数字の増減は見られるが）をとることに気づいた。彼は対照的な表現型を示す単純な形質に着目した。だからこそ、親の形質がどのように子供に伝わるのか、観察中に現れた傾向にすぐに気づくことができたのである。ここでわかったことは、それぞれの植物個体は、外見上多くの違いを示しているが、目に見えないところではさらに複雑な違いがあるということだった。メンデルは後に「外見の類似性から、内部の性質についても同様と結論づけるのはあまりにも性急と考えられる」と結論づけた。ここで性急ということは、少なくとも、注意深く対照をとることもせず、大量の子孫について統計的な処理を行うこともなく、細心の注意も払わずに結論を出すことを意味している。

メンデルは、対照的な形質をもつ各親から生じた雑種（雑種第一世代）で実験を止めることはしなかった。彼は、少なくとも5〜6世代くらいまでは交配実験を続けた。後代では様々な形質が常に一定の割合で現れた。彼は複数の形質について同時に実験を試みた。その膨大な実験結果に基づいて、後年、メンデルの法則として知られることになる二つの法則に到達したのであった。「分離の法則」と「独立の法則」である。

分離の法則によると、有性生殖を行う生物（植物も含む）では、二つの遺伝因子が各々の形質を制御している。生殖細胞が形成される時、二つの遺伝因子はお互いに「分離」され、その結果、子孫はそれぞれの親から各形質について一つずつの遺伝因子を受け継ぐことになる。このメンデルの研究は、「遺伝的に決定される形質はそれぞれ個別の粒子の中に収まり、それが混ざることはない」という新しい知見をもたらしたのであった。

独立の法則によると、「生殖細胞がつくられる過程で、それぞれの形質をもたらす遺伝因子の分配は、それ以外の形質をもたらす遺伝因子の分配とは独立に行われる」としている。例えば、草丈が「高い」、「低い」、どちらか一方の形質を持つ「しわのある」エンドウマメを作るこ

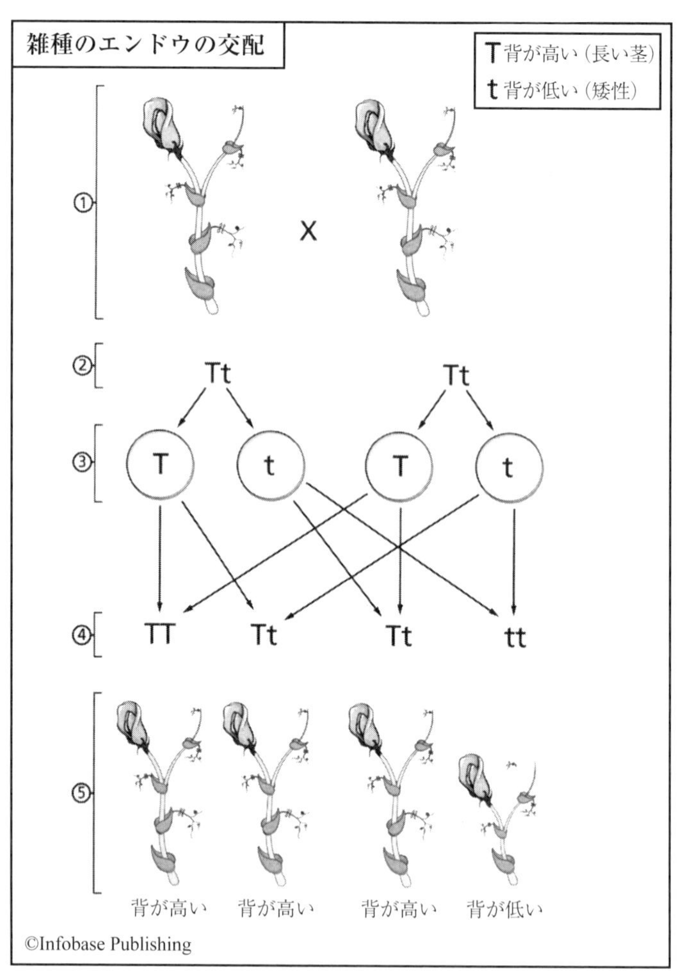

図１　雑種のエンドウマメの交配
メンデルは、はっきり区別できる特徴を持つ雑種どうしを掛け合わせた（例えば背の高い雑種のエンドウ同士という具合に）：①交配した二本の植物体は、それぞれ背が高かった。そして②各植物体はどちらも優性遺伝子（T, 背が高い）と劣性遺伝子（t, 背が低い）を１個ずつ持っていた。さらに、③各配偶子は優性遺伝子（T）を持つ配偶子と劣性遺伝子（t）を持つ配偶子に分かれた。④各子孫はそれぞれの親から一個の遺伝子を受け取った（T または t、③の項では、それぞれ○で囲まれている）。生じた背の高い子孫は、少なくとも一個の背の高い遺伝子（T）を持っていた（統計的には 3/4）。

ともできるし、同じように、草丈が、「高い」、「低い」どちらか一方の形質を持つ「丸い」エンドウマメをつくることもできることを発見したのであった。

実際には、メンデルがこの明快な図式を発見したのは運が良かったと言ってよいかもしれない。彼がエンドウマメで選んだ特定の形質は、それぞれの組み合わせによって中間的な特徴を持つことなく、目で見て明らかに区別できる特徴を示していた。それぞれの形質は、一目瞭然で、そして一つの遺伝因子によって制御されていた。結果として、例えば、高くも低くもない中間的な草丈のエンドウマメの子孫が出現することはなかったのだ。ヒトの場合、背丈も皮膚の色も複数の遺伝子によってコントロールされていることが現在では知られている。その結果、中間的な背丈や肌の色の濃さを持つ子孫が出現する。ただし、ヒトの皮膚の色素が欠損した色素欠乏症はメンデルの遺伝モデルと良く似た結果を示す。すなわち父親と母親がそれぞれ見かけ上は通常の肌の色をしていても、色素欠乏症の劣性遺伝子を持っていると、全く色素形成能を持たない子供が生まれてくることがある。実際の確率は4分の1程度である。

さらにメンデルが研究対象として選んだ形質間には遺伝的連鎖は認められなかった。つまりメンデルが研究した7つの形質の遺伝子は見かけ上は互いに別々の染色体に乗っているように見えた。実際には、7つの遺伝子のうち4つの遺伝子は2本の染色体上に2つずつ乗っていたので、本来は子に、これらの遺伝子が対になって一緒に伝わる頻度が高くなる（連鎖）ところであるが、染色体は同じでも2つの遺伝子の位置が互いに遠くに離れていたので、これらの2つの遺伝子は別々の染色体の上に乗っている遺伝子であるかのように振る舞ったのであった。その結果、同じ染色体に乗っているにも関わらずこれらの遺伝子が支配する表現型が一緒に出現する比率が高くなることはなく、メンデルが行ったそれぞれの遺伝子の独立性に関する解析結果には影響しなった。（この点については後述する）つまり、独立の法則は基本的には同じ染色体上に乗っていない、すなわち連鎖していない遺伝形質にだけ適用できるのである。

メンデルの法則の再発見

メンデルが研究していた時代から20世紀の初めにかけて、顕微鏡の改良と細胞の染色法の開発という2つの重要な進歩があった。その結果、細胞核を研究する道が開け、様々なレベルにおける遺伝因子の観察が可能になった。細胞核の観察の結果、細胞が分裂する直前に幾つかの棒状の物体が現れることが発見された。後に染色体と名付けられるこの棒状の物体は、実際には1本のものが前もって複製されて2本からなっているのであるが、それが縦に裂けて1本ずつに分かれ、分裂後新たに形成される2つの娘細胞にそれぞれ1本ずつ分配されることが知られていた。そして娘細胞中では染色体が集まって球状の核を作ると染色体が見えなくなってしまうことも知られていた。しかし当時は誰も染色体がどんな役割をしているかを知らなかっただけなのだ。染色体がどのような役割を担っているのかまでは、当時はまだ全く分かっていなかった。

1900年に、ユーゴー・ド・フリースというオランダ人の植物学者は、イギリスの進化論者であるチャールズ・ダーウィン（1809–82）が、進化論の中で個体レベルの変異と、その伝達様式については説明していないことに気づいた。そこで、ド・フリースは異なる形質それぞれがどのように変異するのか、それらの形質がどのようにして幾通りもの組み合わせを作りながら組換えられるのかについて「仮説」を立てた。マツヨイグサ（*Oenothera lamarckiana*）を用いて研究した結果から、新しい形質、つまり突然変異は突然に現れて、遺伝もする。その結果、もとの野生型の植物体とは大きく異なった後代が生じることを発見した。彼はその発見を発表する前に、このテーマについてすでに報告されている文献をくまなく調べ直した。すると、驚いたことに、メンデルが1860年代に発表した論文に出会ったのである。

偶然、他の二人の科学者、一人はオーストリア人で、もう一人はドイツ人であったが、彼らもまたほぼ同じ時にメンデルの研究に遭遇した。三人とも立派なことに、誰一人としてメンデルの研究を自分のものだと主張しなかった。三人全員がメンデルの結果を引用して論文を発表し、賞賛したのであった。そして彼ら自身は単にメンデルの結果を確認したに過ぎないということをそれぞれの論文の中で記載した。

ド・フリースによって観察された変種のいくつかは、実際のところ、彼が考えるような突然変異ではなく、染色体の倍数化による変異によるものであった。それでも、彼の「突然変異」の概念は別の研究結果によって裏づけされたのであった。実際には、突然変異はその頃の以前より長年にわたって一般的に観察され、牛や羊、その他の家畜を飼育する畜産農家によって品種改良のためすでに用いられていた。ただ残念なことに、科学界と畜産農家との間で人の交流はほとんどなかった。したがって、1901 年にド・フリースが「突然変異論」を出版した時の進化は突然の飛躍すなわち突然変異に起因するという説は話題となったのである。ド・フリースは進化の要因の研究の先駆けとして一般には知られている。

ベイトソンと遺伝子の連鎖

イギリスの生物学者、ウィリアム・ベイトソン（1861–1926）はド・フリースが発見したメンデルの論文を読んで大きな感銘を受けた。彼はメンデルの遺産であるこの法則の忠実な支持者となり、その論文を英語に翻訳した。1905 年には、彼はメンデルの研究を自分自身の実験に基づいてさらに発展させた。彼は、必ずしも全ての遺伝形質が独立して遺伝するわけではない、つまり連鎖して共に遺伝する例があることを発見し、その年にその結果を発表したのであった。

遺伝のしくみについての研究はおおいに発展し、十分な量の文献が蓄積される中、ベイトソンは成長しつつあるその新しい分野を「遺伝学」と名づけた。彼は遺伝学教授に任命された最初の人物であり、1908 年にケンブリッジ大学でその職に就いたのであった。

ショウジョウバエの遺伝学

トーマス・ハント・モルガンのショウジョウバエを用いた研究ほど遺

ショウジョウバエの遺伝学者：トーマス・ハント・モルガン（1866-1945）

トーマス・ハント・モルガンは、南部の名家の子孫であり、伯父に南軍の将軍をもち、血縁にアメリカ国歌の作詞家フランシス・スコット・キーがいた。1866年9月25日ケンタッキー州レキシントンで生まれた。彼は、20年後の1886年にケンタッキー州立大学（後のケンタッキー大学）で理学士号を取り、1890年ジョーンズ・ホプキンス大学で博士号を取った後、ブリン・モア大学で教職を得た。1904年には、彼はコロンビア大学の実験動物学の教授となり、大規模な研究室を設立した。そして彼の研究室は間もなく「ハエ部屋」の別名がつけられることとなる。

モルガンとその同僚は、そこで大学院生の実験助手チーム、彼の妻である生物学者リリアン・モルガン（ニー・ボーガン・サンプソン）とともに、ショウジョウバエ（学名：*Drosophila melanogaster*）の2つの特長をうまく使って研究を進めた。まず、ショウジョウバエは2週間で大量の子孫を残すことができる。つまり、メンデルがエンドウマメを使った時には次世代を得るために次の収穫期まで待たねばならなかったのに対して、ハエ部屋で働いている実験科学者は、1年間に30世代ものショウジョウバエと子孫に現れる形質を観察することができたのである。次に、ショウジョウバエは染色体を4対しか持っていない。と言うことは、ごくわずかの異なる組み合わせだけが可能であり、染色体上の遺伝子が次世代にどのように形質を伝え得るのか、より容易に示すことができるのである。これらの特長のおかげで、モルガンと彼の学生は、特定の形質に関する交配結果を簡単に見ることができた。この最初に手がけた研究で、彼のチームは先陣切ってメンデルの遺伝学を植物界から動物界に適用したのであった。

（写真） トーマス・ハント・モルガン。コロンビア大学で「ハエ部屋」の長としてショウジョウバエチームを率いた。染色体とその遺伝での役割の研究への貢献が評価され、1933年ノーベル賞を受賞した。（米国国立医学図書館提供）

モルガンは古典遺伝学への貢献によって、1933年ノーベル医学・生理学賞を受賞した。

伝学上、大きな成果をもたらした研究はない。彼は小さくて繁殖も容易なこの生物を利用することで、遺伝形質が世代を超えてどのように受け継がれていくのか検証したのである。これは、彼の最もすばらしいアイデアの一つであった。メンデルの法則の再発見からわずか数年後のことであった。分裂している細胞や卵形成における染色体の動きを観察した人々は、染色体の動きとメンデルの実験結果がどの位合致するのかいろいろ議論した。けれども、遺伝形質の複雑さとわずか数本から数十本の染色体の数とが対応しているとはとても言えなかった。つまり、ヒトは非常に複雑な生物だが、ヒトの細胞にはたった23対の染色体しかない。モルガンはベイトソンの説を支持した。23対の染色体上には、さらに小さな因子があり、それが働いていると仮定しない限り、ヒトの体に現れる何千もの形質を説明することはできないからだ。

皮肉なことに、1908年になってモルガンはメンデルの研究に関する懐疑論者の側に立ったのである。ある懐疑論者の言い分はこうだった。「今のところ、メンデリズム（メンデルによって提唱された遺伝学）がどの生命体にも当てはまることを示す決定的な証拠が存在しない」。しかし、突然変異のプロセスについて大変興味を持ったモルガンは、メンデルが研究材料として修道院の庭のエンドウマメを見つけたように、研究材料に適した生物種を探し回った。そして、最終的にショウジョウバエに決めたのである。ショウジョウバエは小さなハエで、短期間で繁殖し変異がはっきりと確認できる上に、4対の染色体しか持っていない。すりつぶしたバナナを餌にして簡単に飼うことができる生き物であった。モルガンはショウジョウバエが1年間に30世代まで継代可能であることを見いだした。というわけで、コロンビア大学のモルガン研究室は、あっという間にハエの入った培養瓶であふれかえった。

毎日観察したにもかかわらず、ハエの中に全く突然変異は見つからなかった。彼はハエを高温と低温の環境下においたり、酸やアルカリや放射線にさらしたりもした。また、餌も変えてみた。しかし、突然変異は全く起きなかったのである。そして、突然変異を待ち続けて1年程経った1910年の4月のある日、リリアン・モルガン（もしかしたら他の研究者であったかもしれないが）が白い目を持った異常なハエを発見した。ちなみに、ショウジョウバエは名前の由来通り、通常は赤い目を持っている。モルガンはこの突然変異体を心待ちにしていた。彼はその白い目を持ったオスのハエと赤い目を持ったメスのハエを交配させた。すぐに1237匹の子バエを得たが、それは全て赤い目を持っていた。しかし、その次の世代では4252匹中798匹のハエが白い目を持っていた。彼は変異を次の世代にも伝えることに成功したのであった。

しかし、得られたデータの値はモルガンの頭を悩ませた。まず、変異の比率が、メンデルがエンドウマメで発見した3：1という割合ではなかったのだ。さらに、白い目を持つハエは全てオスであった。モルガンと彼のチームはこの問題についてさらに調べた結果、白い目を持つという形質が性に伴う形質であるということに気づいた。彼らはショウジョウバエではじめて連鎖形質を発見したのであった。それは複雑で、メンデルが発見した「はっきりと分離される形質」では見られなかったものである。遺伝子の連鎖（2つ、またはそれ以上の形質が常に同時に現れること）は、イギリスの遺伝学者、ベイトソンとレジナルド・ピュネットによって発見されたものであった。しかし、モルガンの白い目のショウジョウバエの場合は伴性の（雌雄に随伴する）突然変異である。モルガンと彼のチームは、遺伝子がどのように行動しているのかをさらに解明するために、この発見をひとつの道具として利用した。モルガンは1910年に伴性形質についての最初の論文を発表し、その後の2年間で、ショウジョウバエにみられる20個ほどの伴性変異について13報の論文を発表した。

この頃までには、遺伝物質は染色体上に存在し、遺伝子として糸に通されたビーズのように、あるいは鎖の輪のように直線状につながっているという概念が研究者達にも理解されていた。

1910年の終わりまでに、モルガンは異なった40種類のショウジョウバエの突然変異体を得ていた。彼はそれらにハンピー、チャビー、ピンクアイ、クランプルド、ダンピー、スペックという名前をつけた。翅のないもの、目のないもの、体毛のないもの、翅がしわくちゃのものなど様々な変異体が得られていた。ほとんどの突然変異はハエにとって有利なものではなかったが、彼はそれらの中にある規則性を見出した。白い眼は黄色い翅を持つものだけに現れ、決して灰色の翅を持つものには現れなかった。彼がエボニーボディ（黒檀色の体色）と称した形質はピンク色の目を持つものだけに現れた。そしてブラックボディ（黒い体色）と呼んだ形質は黄色い翅を持つものにだけに現れた。やがてモルガンは、特定の形質が同じ染色体上にまとまって存在するということに気づいたのであった。

ところがある日、奇妙なことに黄色い翅を持たないハエの中に白い眼をもつものが現れた。これには彼も本当に困惑したが、彼は大胆にもおそらく染色体断片が他の染色体に組み換えられた結果、新たな染色体が再構築されたという仮説を立てたのであった。もしこれが本当であるならば、どんな形質でも、通常なら決して同時に現れないはずの形質と共に出現する可能性を持つ。そして、周知の通り、この説は後に真実と証明されたのである。この現象は「交叉」として知られるようになり、ほんの2、3年後にはマクリントックの研究の中で重要な位置を占めることとなったのである。

モルガンの研究体制は20世紀の科学で広く普及したチームワーク（共同作業）の典型となった。彼は各分野の科学者を何人かチームに取りこんだ。その中のひとり、アルフレッド・スターテバントはショウジョウバエの培養の専門家であったが、同時に数学的

(写真) 2匹のショウジョウバエ（*Drosophila*、別名ミバエ）の変異体を並べて比較した見事なショット。上は変異体の4枚翅のショウジョウバエ、下は野生型の2枚翅のもの。（カリフォルニア工科大学）

解析法を駆使して、染色体上の遺伝子地図を作成する専門家でもあった。同じくハーマン・マラーは実験方法を考案する才能を持ち合わせた理論家であった。また、カルビン・ブリッジーズは特に細胞の研究に熟達していた。彼らの研究は個別にすることもあればグループですることもあり、出た結果は共有し、実験は共同で行った。彼らは共同研究の結果、モルガンが「メンデルの因子」と呼んでいたものが、染色体上の決まった位置に存在する固有の構造単位、いわゆる遺伝子であるという見解に到達したのであった。

スターテバント、マラーやブリッジーズらとともに、モルガンは1915年に“The Mechanism of Mendelian Heredity”という本を出版した。画期的な研究に基づいたメンデル遺伝学の分析と統合が展開されており、現代における遺伝の解釈の土台を築いた名著となっている。

モルガンは、1926年に出版した“The Theory of the Gene”という著書の中で、遺伝子説を確立し、頭脳、目、そして顕微鏡といった利用できる手段は全て駆使して、メンデルの研究を完結しようとした。一年後、マラーは電離放射線（X線）を使用してショウジョウバエの遺伝のしくみを解明し、1927年には論文として発表した。一方で、当時、コーネル大学の博士研究員で、後にマクリントックの研究でも重要な役割を果たすことになるルイス・スタッドラーは、さらにその一年後の1928年に放射線とトウモロコシに関する論文を発表した。これらの最先端の研究成果は1919年の秋、マクリントックが農学部での勉強を始めた時から10年もたたないうちに得られたのであった。分子生物学の出現やジェームス・ワトソンとフランシス・クリックによるDNAの研究はこの25年以上も後のことになる。

細胞が分裂するとき

細胞分裂、特に、有糸分裂と減数分裂の二つの異なった細胞分裂は、マクリントックの研究を理解する上で重要である。細胞は生物の構成要素であり、各細胞の中には司令塔の役割をはたす核が存在している。さらには遺伝をになう主役が核の中に存在する。メンデルは、彼が言うところの調節単位すなわち遺伝因子が存在するということを認識はしていたが、それらの所在と実体まではつかめていなかった。1909 年、デンマークの植物学者、ウィルヘルム・ヨハンセンが、これらの因子を遺伝子と名づけた。それは、ベイトソンが科学上の関連分野につけた名前「遺伝学」に由来するものであった。

有糸分裂とは、一つの細胞が親細胞の染色体と同じ数の染色体を持つ二つの新しい細胞に複製すること、つまり二つの娘細胞に分かれることである。これは一般的に知られている細胞分裂様式である。これに対して減数分裂は、有性生殖を行う生物（植物を含む）にみられる特別な様式である。1 回の減数分裂期間中、細胞分裂が連続して 2 回起こり、4 つの娘細胞が産生される。その結果 4 つの娘細胞の核内における染色体の数は親の細胞核の半分に減る。染色体が元々の数の場合は二倍体（2n）、減数分裂の結果半分に減った場合は一倍体（n）と言う。

メンデルのエンドウマメやマクリントックのトウモロコシのような花が咲く植物では、胞子体の相（胞子を生産する二倍体の段階）から減数分裂を経て一倍体胞子を形成する。この過程は胞子形成と呼ばれる。一倍体胞子（n, 減数分裂による生成物）は有糸分裂によって分かれ、配偶子生産過程、すなわち配偶体（n）と呼ばれる相へと発達する。一倍体の配偶体は有糸分裂を経て配偶子を形成する（生殖細胞, n）。この過程は配偶子形成と呼ばれる。一倍体配偶子（雄性あるいは雌性の生殖細胞）は、別の配偶体から生じた配偶子と融合して二倍体の接合子（2n）を形成する。それぞれの接合子はやがて有糸分裂によって分かれ、胚を形成する。胚は後に有糸分裂によって胞子体の相へと進み、再び生活環を始める。この様式の生活環は植物がその生涯において一倍体と二倍体の両方の形態を持つため、世代交代として知られている。

有糸分裂と減数分裂は、糸状の物体が、耳には聞こえない音楽と入念な振り付けによって動いているように見えるので、時に「染色体のダンス」と例えられた。研究者が顕微鏡下で観察するために細胞を染めた

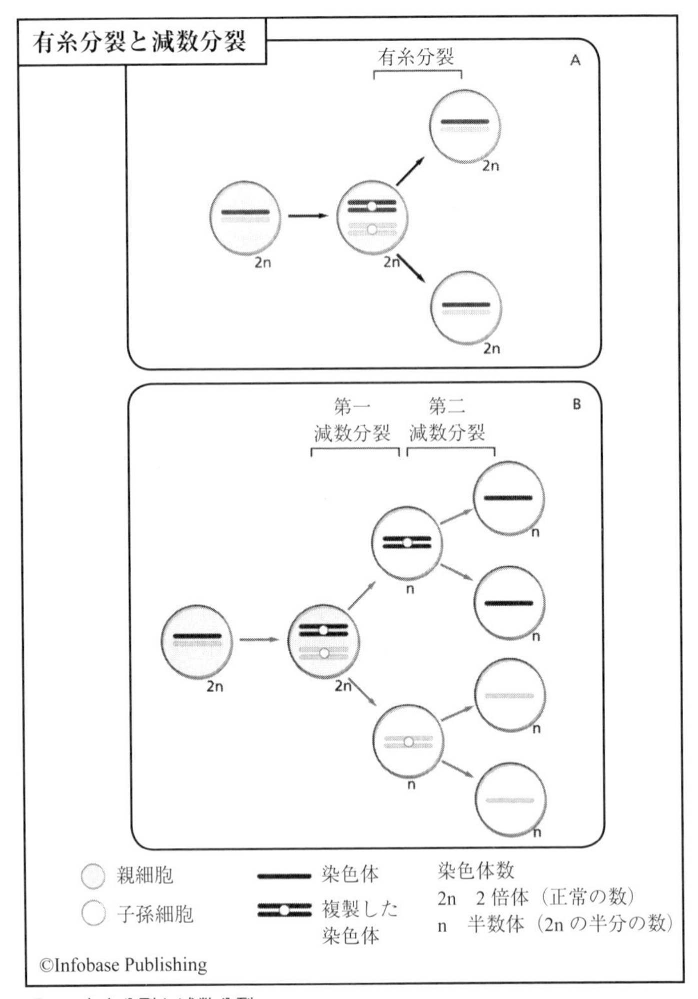

図2　有糸分裂と減数分裂

有糸分裂（A）は一般に生物が染色体を置換したり、修復したりする時に用いられ、減数分裂（B）は生殖時に用いられる。有糸分裂は二倍体を呼ばれる子孫細胞を生み出し、子孫細胞は親細胞に似た二組の染色体（2n）と持つ。減数分裂は一倍体と呼ばれる子孫細胞を生み出し、染色体の数は通常の半分（n）。動物では、減数分裂によって一倍体を生じ、それらは配偶子（卵または精子）と呼ばれ、エンドウマメやトウモロコシのような顕花植物では、それは胞子と呼ばれる。それぞれの一倍体胞子核は、有糸分裂によって配偶子（卵や精子）を形成する。

時、これらの小さな物体は染色剤でよく染まるので、染まる物体という意味で「染色体」と名付けられた。

有糸分裂では、二倍体細胞が細胞分裂の段階に入ると、それぞれの親から由来した染色体が、細胞の中央に整列する。そしてラグビーボールのような形の紡錘体が形成される。つまり、細胞の両端に極が形成され、微細な繊維（紡錘糸）によって地球の経線のような形状で両極が結ばれる。染色体は赤道面に沿って並んだ後に 2 つの染色分体に分離し、紡錘糸に沿ってそれぞれの極に向かって移動する。その後、細胞は赤道面に沿って 2 分割され、同じ数の染色体対を持つ 2 つの娘細胞ができあがる。この際の染色体の状態により二倍体の細胞または二倍体の植物といわれる。それぞれの生物種は固有の二倍体の染色体数を持つ。例えば、トウモロコシ細胞は 10 個の染色体対、すなわち二倍体（20 本）の染色体数を持つために、二倍体植物といわれる。

多くの点で、減数分裂もよく似ているが、最終的には親細胞の半数の染色体数しか持たない娘細胞が 4 つ出来上がることになる。動物では、減数分裂は一倍体細胞（配偶子、生殖細胞）を直接的に生み出す。一方花が咲く植物では、減数分裂によって一倍体細胞（胞子）が先ずは形成され、次に有糸分裂を経て配偶子を生み出すことになる。この過程で生じる最終的な染色体の組数は 1 組で、各対の片方だけをもつ半数体であり、トウモロコシであれば 1 組は全部で 10 本の染色体ということになる。後に、受精すると、それぞれの親から生じた配偶子が融合して通常の二倍体細胞（受精卵）が形成される。

1909 年、ベルギーの細胞学者ヤンセンは減数分裂前期に、染色体対が時々長軸に沿った部位で組み替えられたかのように、X 字型を形成することを発見した。彼はこの部位をキアズマと呼んだ。キアズマはちょうど染色体がその部分で組み替わってできるように見えたが、これがのちに「交叉」として知られるようになる。この交叉こそが、それから数十年のうちにマクリントックの研究にとって重要なものとなったのであった。

トウモロコシの遺伝学の探求

1920年代、多くの遺伝学者がモルガンと彼のハエの実験室に注目していた。一方で、米国内のかなりの数の研究者がトウモロコシを研究することに多くの利点を見出していた。たしかに、ショウジョウバエはライフサイクルが短いため研究者が一年に何世代にもわたって追跡して記録をとることができたが、染色体を研究するのは容易ではなかった。ハエの染色体は小さく、さらに遺伝形質は顕微鏡なしで見ることは困難であった。そして、1933年のショウジョウバエの巨大な唾腺染色体の発見までは、細胞学者にとっては顕微鏡でさえも役に立つものではなかったのである。

しかし一見したところ、トウモロコシもあまり好ましい研究材料でもなかった。ライフサイクルはショウジョウバエよりも長く、一世代経るのに丸一年もかかるのだ。(温室もしくは熱帯性の気候の下で栽培された場合、年に2世代を経る可能性があるが、それでも時間がかかりすぎると言える）そのため、実験結果を得てからの統計処理にも長い時間を要した。研究者たちは一つの染色体と他の染色体を識別する手がかりとなる特徴をごく少数しか見つけることができなかった。そして、系統が異なれば染色体数に違いがあるため、いったい染色体がいくつあるのかさえも定かではなかった。つまり、トウモロコシはショウジョウバエよりもずっと遺伝学的に複雑で扱いにくかったのだ。

では、なぜそんなに多くの研究者が好んでトウモロコシを研究したのか。その理由は、第一に、遺伝学と細胞遺伝学の最先端を担ってきた植物の研究者の研究材料として、トウモロコシが自然に受け入れられて来たという歴史がある。メンデルはそもそも植物の研究者であった。そしてド・フリース、ヨハンセンもまたそうであった。これらの研究者たちが遺伝学の基礎を作ってきた。トウモロコシにはいくつか実用的な魅力があった。トウモロコシは、数百年来、農家と植物学者が慎重に観察してきた食用作物であった。とりわけ、徐々に明らかにされてきたのだが、トウモロコシの染色体には多くの明確な特性があり、余剰染色体が頻繁に現れたため、細胞遺伝学の格好の研究対象となったという事情もあったのである。

その上、研究者はトウモロコシの生物としての複雑さを不利とはとらえず、むしろ、有利であると気づき始めた。一方で、その複雑さのため、植物以外の研究者にとってはトウモロコシの研究に追随することはより困難になっていったといえる。この複雑さは研究者にいくつかの利点を与えた。動物とは違って、植物は1個体の中に雌雄両方の配偶子（胚細胞）を作り出せる。精細胞（雄性配偶子）は茎の最上部の穂にある花粉粒にある。卵細胞（雌性配偶子）はトウモロコシの種子になる部分に生えている「絹糸（けんし）」の根本にある胚珠の中にある。絹糸とは、穂軸上のトウモロコシの種子が成長する芯から伸びている、柔らかい光沢のある房状の毛のことだ。花粉粒（精細胞の核を含む）は穂から自然に落ちて自分自身の絹糸の上につき、自家受粉後自家受精する。あるいは風や水、動物、鳥、昆虫等によって運ばれて、近くにあるトウモロコシと受精する。いったん受精すれば、胚発生が始まる。胚は種皮と融合した子房壁によって保護され、栄養（内胚乳）が与えられる。この部分がトウモロコシの種子（食用部分）となる。

マクリントックや他のトウモロコシの研究者にとって、雌雄両方の生殖細胞が1本の植物体に存在するトウモロコシは、親の遺伝的特徴の研究にも好都合であった。トウモロコシの系では、親と子の遺伝的特徴を比べるために胚と親である植物体の両方を調べることができた。内胚乳（胚の栄養）は二つの核を持つ卵の双子細胞（中央細胞）と第二の精細胞が受精してできた組織（3n）である。胚乳の組成は3倍体であるがために、優性と劣性の表現形質に対して遺伝子がどのように影響しているのか洞察することができたのである。

しかし、マクリントックが卒業研究を始めた頃には、さらに研究を進めるためにはより高度な技術開発が必要とされていた。それがない限り、複雑な染色体の動きをそれ以上探求することは難しかったのである。その分野は研究者にとっては遺伝学上の疑問の解のあるところと思

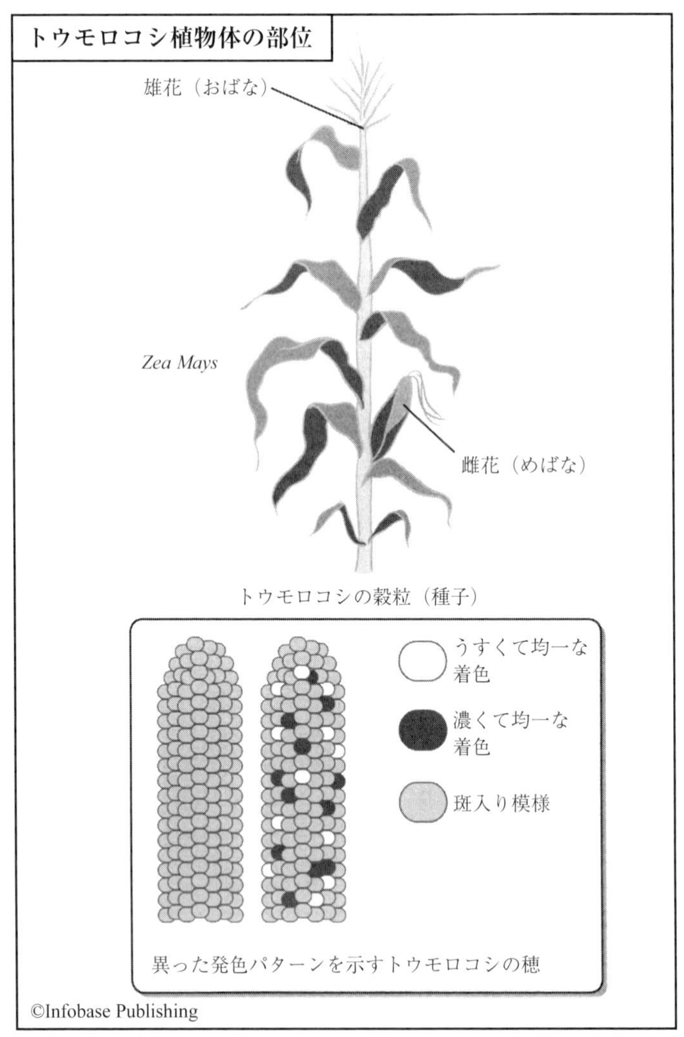

図３　トウモロコシの植物体
他の多くの植物と同様、トウモロコシは自家受粉後自家受精することも、他家受粉後他家受精することもできる。（生殖細胞を含む）花粉が雌花に落ちて胚発生が始まり、穂軸上で穀粒すなわち種子が形成される。これら穀粒の色素形成のパターンは、マクリントックにとって、親の遺伝的差異が子孫の形質にどう影響するのかを研究する上で、大変興味深いものであった。

われたが、探求されないままになっていた。

開始：自由な研究を（1923–1927 年）

マクリントックにとって、1920 年代の遺伝学は特にエキサイティングな分野であった。それは「複雑」、「やりがい」、「最先端」、どの言葉もあてはまる分野であった。若くて野心的な科学者が多くの課題に挑戦していた。特に、マクリントックが在籍したコーネル大学農学部はこの上なく恵まれた環境であった。教員は、授業でも授業外でも身近な存在で協力的であった。

植物学の教授であるレスター・W・シャープが、毎週土曜日にマクリントックに細胞学の技術を個人指導までしてくれたことを、彼女はよく覚えていた。こうした個人レッスンにより彼女は生まれ持った器用さも手伝い科学者となるための腕を磨いていったのである。彼女が身につけた技術レベルの高さを見込まれて、すぐにシャープの植物学の授業の助手をすることになった。

マクリントックは 1923 年に理学士号を取得すると大学院への進学を希望した。彼女にとって、コーネル大学で研究を続けることは自然の流れで、次はどうしようかという迷いは一切なかった。シャープが指導教官となり、彼女の研究者としての生まれついての才能を信頼して自由に研究させることにした。「先生は本当に私のしたいことを自由にさせてくれたのよ。ほんとに自由だったわ」と、彼女は後にケラーとのインタビューで述べている。顕微鏡を使って染色体の研究をすることは、彼女の優れた才能を最も活かす道であり、彼女自身も喜んで取り組んだ。マクリントックはまた、染色体にはまだまだ研究すべきことがたくさんあることが分かっていたので、何の疑いもなくすぐに染色体研究に没頭したのである。

顕微鏡に関して天賦の才能を持っていたマクリントックは、彼女の学友（そして後々同僚となる人たち）から一目置かれており、いつの間にか自分の技術を彼らに教えるようになっていた。ケラーとのインタビューの中で、ローズは、彼がかつてマクリントックを手放しで褒めた時のことを語った。「君が顕微鏡を使って細胞の観察をすると、本当にたくさんのことが見えて来るので、驚いたよ。そうだったよね」と彼は言い、それに対するマクリントックの答えは「細胞を見る時は細胞の中に入って行ってその周りを見渡すのよ」だった。彼女はこの言葉を後にこう説明している。「他のことが全く頭から離れ、夢中になってしまったら、小さな物でも大きく見えて来るのよ。そして、それ以外のことは見えなくなってしまうの。だから、他の人には見えない多くのものを見つけることができたのよ。ほとんどの人は一つ一つのものに、それほど夢中になったり、こだわったりしないから・・・。見る人が夢中になってこそ、はじめて見えてくるものよ」。

トウモロコシの 10 本の染色体

マクリントックが駆け出し研究者だった 1924 年、ちょうど大学院生だった頃、彼女はローウェル F. ランドルフの助手として雇われた。ランドルフはコーネル大学で博士号を得て 1923 年に同大学内の米国農務省関連の職を得ていた。ローリンズ・エマーソンは、マクリントックとランドルフを組ませた。いつもコーネル大学の学生や同僚だけでなく、同じ分野の全ての研究者の間でも、研究結果を公開しデータを共有することを奨励していた彼の目にはこの組み合わせは完璧に見えた。

エマーソンは、植物育種学分野の研究歴をもつ研究者と、細胞学で求められる解析能力を身につけた研究者が協力すれば、成長著しい細胞遺伝学という新しい分野は大いに進むであろうと考えていた。ランドルフはその両方を持っていた。ランドルフはシャープのもとで細胞学を専攻し、同時にエマーソンのもとで副専攻として植物育種学を学び、1921 年にはコーネル大学で博士課程を修了していた。エマーソンは、マクリントックとランドルフに、トウモロコシの遺伝子について、共同で系統的な連鎖の研究あるいは似たテーマの研究を進めて、コーネル大学のその分野での貢献に一役買って欲しいと願っていた。しかし、トウモロコシの細胞遺伝学の研究など、トウモロコシの全ての染色体が同定されなければ不可能なことであった（カスとボヌイユが2004年の論説で議論しているように）。そして、トウモロコシ染色体の同定はランドルフが大きな関心をよせていたプロジェクトであった。

1925年の2月、マクリントックに「トウモロコシのB染色体または異型染色体」という博士論文のテーマが与えられた。このテーマはランドルフの興味をそそるものであった。しかし、博士論文のテーマにはありがちな展開だが、このテーマも長くは続かなかった。その夏、マクリントックは「コーネル大学のトウモロコシ畑で見られる三倍体植物」というもっと興味深いテーマを見つけたからであった。三倍体植物とは全ての細胞において完全な3組の染色体を持つ異常な植物体のことである。例えば、二倍体の精子（完全な2組の染色体を持つ）と一倍体の卵（完全な1組の染色体を持つ）が融合すると3組の染色体を持つ三倍体の胚が生じることになる。

マクリントックはシャープの細胞学の授業の助手として学生の指導と研究を行い、幅広く染色法の歴史と技術を学んだ。染色法とは顕微鏡観察の時に細胞内の構造を強調して見やすくするための方法である。ランドルフとシャープは細胞学者ジョン・ベリングによって開発された新しい染色技術を学んでいた。この技術は「押しつぶし法」と呼ばれている。ベリングの技法ではまずスライドガラス上に細胞を固定する。次にカーミン液で染色し、最後にカバーガラスをその上に載せて親指を使って丁寧に押しつぶす。このようにすると染色体の構造をはっきりと見ることができるのであった。ランドルフとマクリントックは共に三倍体植物から採取した花粉母細胞の染色体を観察するために、この染色方法を用いた。そしてこの異常な植物がどのようにしてできるのかについての仮説を立て、1926年2月、研究結果をアメリカン・ナチュラリスト誌*

（* 訳注　アメリカン・ナチュラリスト誌・・・1867年から続く月刊の科学雑誌。生態学、進化生物学、統合生物学などの最新の研究結果が掲載されている）

で発表した。

彼らの共同研究はそこで終わった。カスが後に耳にした話では、マクリントックには、「論文の筆頭著者には作業のほとんどをこなした自分がなってしかるべきだった」という思いがあったと言われている。その結果、彼女は植物育種学研究室から距離を置くようになっていった。ランドルフが研究上エマーソンと近しい関係にあったということもあり、ランドルフ側に有利な言い分のみが一般に伝えられたのかもしれない。

ランドルフにしてみれば、学生のマクリントックが問題があれば解決しようとしょっちゅう頭をつっこんでくることも受け入れがたいものであった。その上、トウモロコシの染色体同定作業がなかなか進まないことが彼を悩ませていた。というのも、彼はトウモロコシの大きい染色体を小さい染色体から区別することはできていたが、それぞれの大きさの染色体の中で区別する方法を見出すことができていなかった。トウモロコシの染色体の基本数についてさえ統一見解にいたっていなかった。なぜなら、トウモロコシは系統によって異なる染色体数を持ち、報告された基本数は系統の数だけあった。

問題を解くことが大好きなマクリントックは自分でも腕だめしをすることに決めた。後に彼女は次のように語った。「そうね、私はランドルフにもできる方法を見つけてあげたのよ。それは二、三日で出来たわ。完璧だったわ」しかし、科学史家のカスは、出版された論文の著者達とそのことについて交わした手紙の中で「その研究には長い時間がかかった。それほど簡単な問題ではなかったからだ」と書き記している。実のところ、カスは、「マクリントックがその問題を大学院生の間にほぼ解決したということになっているが、彼女が博士号を取得したのは1927年であり、ランドルフがトウモロコシの染色体の基本数が10本であるという論文を発表した1928–29年までは問題の最終的な解決には至っていなかったと伝えられている」と指摘している。その間、マクリントックは博士号を取得し、生活のためにコーネル大学の補助教員の職に就いていた。

1929年までに、彼女の論文はその分野では著名な雑誌であるジェネティクス誌に出版された。彼女は補助教員の仕事の合間に時間を見つけては、染色体の形態に関する難問を解くための研究を進めた。そして、二つの新たな角度から解答を見つけることに成功した。「まずは、別のところをちょっとのぞいてみた」というのが彼女の言葉だった。ランドルフは染色体を観察するのに最もよい時期と思われる細胞分裂の中期でトウモロコシの染色体を見ていた。中期では、染色体が大きく太い。それゆえ見やすいのである。マクリントックが染色体の特徴の同定に成功したのもまた、中期の染色体であった。マクリントックは、補助教員をしながら、10本のトウモロコシ染色体を同定する方法にたどりついたのであった。それは花粉（配偶子）形成過程で起こる有糸分裂第一分裂期中期に現れる一倍体染色体を用いるというやりかたであった。彼女は特に、有糸分裂期の一倍体染色体を用いれば、それぞれの染色体を長さによって区別できることに気づいたのであった。彼女は、くびれている狭いセントロメア領域が染色体ごとに固有の位置に存在し、その結果、その両側に異なる長さの腕を持つことを見いだしたのだ。ある染色体は一種の衛星のような構造を持っており、それは細い糸のような構造体によって染色体の腕にくっついているのであった。実際、10本の全ての染色体は、はっきりと認識できる形態上のマーカー（指標）をもっていたのである。それは旅人の行き先を示す道しるべ、一里塚のようなものであった。彼女はこれらの発見を短いながらも重要な論文として、一流雑誌であるサイエンス誌に発表した。その中で、彼女は、トウモロコシの一倍体染色体の数が10本であることを、10本の各染色体全てについてイディオグラムといわれる模式図をそえて発表したのであった。

この功績だけがマクリントックの初期の功績とされているが、それは彼女にとって不本意な話であった。1929年発表のトウモロコシの有糸分裂期における一倍体染色体の同定に成功したことは、まさにその始まりにすぎなかった。遺伝学者のローズの言葉によれば、一連の論文を3年間にわたって発表し続けたことで、マクリントックは細胞遺伝学におけるまぎれもない第一人者になったのだ。知識、経験、並外れた才能を持つ彼女は少し練習しただけですぐにベリングの「押しつぶし法」の達人になった。トウモロコシの系を使いはっきりとした結果を得るために、まるで魔法使いのように少しだけ手を加えることで、有糸分裂と減数分裂両方の過程で、細胞分裂と複製の各段階の全ての染色体がはっきり見える標本を揃えることに成功した。

1929–30 年までに、彼女は減数分裂の太糸期の細胞分裂の過程を観察することを考えていた。ある系統のトウモロコシでは、この時期には染色体がより細長く伸びてあまり凝縮していない。マクリントックは、この時期の染色体は凝縮する前には大変観察しやすいことに気づいた。彼女はまた二つの染色分体に紡錘糸が付着する場所には狭窄があることを見つけた。バーナムから提供されたトウモロコシの減数分裂太糸期染色体を観察する中で、彼女はいくつかの染色体にこぶ状の構造（ノブ）を観察した。これらのノブの有無と位置は染色体を見分けるもう一つのマーカーとなった。

その結果、1929 年には、マクリントックはトウモロコシの染色体を全て同定することができたのであった。彼女は 1933 年までに、太糸期の染色体について、その形や測定された長さをパターン化し、それを比較することによって、最長のものから最短のものまで、1 番から 10 番の番号を染色体につけたのであった。ごく初期の頃のこの輝かしいエピソードは、彼女に超人的な能力、つまり、正確な観察眼と結果に対する正しい解釈、そして複雑なジグゾーパズルの全ピースをはめていくような洞察力と、完璧な実験技術、さらにはこれらを包括する統合力が備わっていたことを示したと言える。

3.

マクリントックとコーネル・グループ

(1927-1931年)

マクリントックは自分のやりたいことをはっきりと把握した上で職業としての研究を開始した。それは、細胞遺伝学、つまり、染色体とその遺伝的構造、そして形質がどう発現するかについての研究であった。ショウジョウバエについては、すでにいくつかの連鎖遺伝子が常に同じ染色体上にあることが知られていた。モルガンが発見した白い目のショウジョウバエ、ホワイトアイの場合、それは常にオスであった。これは、白目の形質とオスという性が常に連鎖していることを示していた。マクリントックは、連鎖している特定の遺伝子グループが特定の染色体上にあることを、トウモロコシでも証明したかった。つまり、染色体の研究と遺伝子の研究、この二つを統合する研究をしたかったのである。マクリントックが交配実験に使うトウモロコシは、しばしば同僚たちによって栽培されたものだった。ビードルやローズらは彼女が必要とする交配を行うために必要なトウモロコシを植え、育てたのである。顕微鏡を用いる技術に加えて、圃場で働く時間を増やすことで、彼女はトウモロコシのあらゆる生長段階を徹底的に学び取ろうとした。この長期間にわたる野外作業の経験から、彼女はトウモロコシのあらゆる生長段階を完璧に把握した。シャーロック・ホームズのように、植物をちらりと見るだけでその植物の持つ経歴を即座に読み取る能力をものにした。植物に対し、巨視的、微視的両方の分析を行った。巨視的な目を通して、植物の形態の「目に見える特徴」を読み取り、微視的な目を通して、染色体と遺伝子がどのような役割を果たした結果、その「目に見える特徴」を生み出すのか、多くの情報を得たのであった。

コーネル大学の細胞遺伝学グループ

作業は一人ですることの多かったマクリントックだが、気がつくといつの間にか研究グループの中心となっていた。皆で力を合せて努力をし、お互いに刺激しあってアイデアを出し、考えや技術を共有したのである。全ては、ビードルとローズがコーネル大学に赴任したのを機にごく自然に始まったことであった。（ビードルは 1926 年夏に、ローズは 1928 年 9 月にコーネル大学に移籍してきた。）二人とも、当時のトウモロコシ遺伝学の権威エマーソンの指導をうける大学院生であった。

ローズはミシガン大学で植物学と数学の学士号を取得した。植物遺伝学者のアンダーソンはローズに目をかけ、自分がコーネル大学で学んだ時の指導教官であるエマーソンに紹介した。ローズは三年間の大学院時代をイサカにあるロリンズ（エマーソンの愛称）の家で、彼の「家族の一員」として過ごした。ローズはまた、大学院の一年間をカリフォルニア工科大学で過ごした。そこには、アンダーソンやモルガンが移ってきており、ローズは再びアンダーソンと研究をした。モルガンは自分が率いる最先端のショウジョウバエ研究グループとともに、スタートバント（数学解析者）、ドブジャンスキー（ウクライナ人の動物遺伝学者）、ブリッジ（遺伝学者）からなるチームを率いて、コロンビア大学からカリフォルニア工科大学に移っていたのであった。このような経緯で、おそらくローズはショウジョウバエの系ですでに進んでいた遺伝学の研究に精通していたと思われる。

コーネル大学に到着すると、ローズは新天地でどのような研究が行われているのか知るために、研究員がたくさんいる大きな実験室へと出向いた。そこで、一人小さな机で作業しているマクリントックを見つけ、何を研究しているのか訊ねた。彼女が自分のプロジェクトについて話すと、すぐにローズは興味を持った。マクリントックはその時の様子を後にこう語った。「…彼ってとても興奮して歩き回っては、私がやろうとしていることの大切さを他の人に説明したのよ。そして私はメンバーの一員に再び迎えられたの」。ローズとマクリントックは、すぐにお互いに良き知的理解者となった。他の研究者は誰も彼女の考えも、彼女がなぜその実験をしたいと思っているのかも理解できなかった。だが、ローズは違っていた。マクリントックの経験や考察をすぐに理解すると、彼も自分の進む道をトウモロコシの細胞遺伝学に見出したのであった。マクリントックの経験や考えは彼が探していた入り口であった。1920年代終盤、植物学専攻の学生のほとんどはエマーソンと研究することになっていた。彼は優れた科学者であり遺伝学研究のリーダーであった。当時は、品種改良を通してトウモロコシの遺伝を研究していた。学生に勤勉であることを求めたが、大いなる自由と情熱も与えた。しかし、ローズにとっては、マクリントックの研究こそがコーネル大学で最も興味を引く研究であった。彼女は新しい分野の最先端を行っていた。初日に出会って以来、マクリントックとローズは生涯続くことになる強い絆を結び、お互いになくてはならない存在となった（後に、ローズは合衆国のトウモロコシ遺伝学研究の重鎮となった。彼はアメリカ遺伝学会の副会長、次いで会長に選ばれ、長年、学会誌ジェネティクスの編集にも携わった）。

マクリントックはまたビードルとも意気投合した。ビードルは後に一遺伝子一酵素説を実証し、1958年にテータム、レーダーバーグと共に、分子遺伝学分野の研究でノーベル医学生理学賞を受賞した。ビードルはネブラスカ州のワフーに生まれ、ネブラスカのトウモロコシ畑で育ち、ネブラスカの大学で学んだ。彼はマクリントックのもう一人の強力な協力者となった。

マクリントック、ローズそしてビードルの3人が中心となって結成したチームには、植物遺伝学の根本原理、つまり、染色体にのっている遺

(写真) バーバラ・マクリントックの同僚、1929年のコーネル大学農学部育種学教室のトウモロコシ遺伝学者たち。多くは彼女が率いたグループの中心メンバー。後列の左から右へ：ロリンズ・アダムス・エマソーン、不明、マーカス・M. ローズ、ハロルド・M. ペリー、L. F. ランドルフ、チャールズ・ラッセル・バーナム。前列の左から右へ：シェンロン・W. リー、ジョージ・ビードル、アーネスト・ドーシー（リー・B・カスの研究による。"The Maize Genetics Cooporation Newsletter 78 (2004)", http://www.agron.missouri.edu/mnl/78/04kass.html　マクリントック論文集より、アメリカ哲学協会）

伝子の実体を解明したいという研究者達が集まってきた。ショウジョウバエの系ではほとんど明らかにされていたこの分野を、彼らはトウモロコシの系へと引き継ごうとしていたのである。後に数人の研究者がグループに加わったが、マクリントック、ローズ、ビードルは常にその中心にいた。彼らは自ら研究会を開き、トウモロコシ畑で一緒に昼食を取り、（しばしば教授不在で）自分たちの興味のある話題や問題をとりあげては意見を闘わした。染色体と遺伝子の関係や細胞遺伝学について、あらゆる切り口から休みなく議論した。そこには、彼ら自身の取組みによって明らかになった事実も含まれていた。マクリントックは、そのグループのことを「結束が強く」、「自立していた」とノーベル賞を受賞した時に紹介している。「成功したのはエマーソン教授のおかげです。彼は我々の一見困った行動を黙って見逃してくれたのです」。みんなにとって大いに刺激的な経験であり、それに続く時代は、マクリントックの優れた指導の下、コーネル大学のトウモロコシグループの「黄金時代」とされている。

(写真) コーネル大学遺伝学グループの主要メンバーであるマーカス・ローズはマクリントックの生涯にわたる友人であり研究上の協力者であった。(インディアナ大学)

当時のマクリントックに対する見方はローズとビードルでは対照的なものであった。おそらく彼女と共に研究をした人は、多かれ少なかれ彼らと同じ見方を持っていただろう。だが、マクリントックに反発を感じ続けたビードルと違い、ローズはマクリントックの知性を初めから尊敬していた。後に彼は当時のことを思い起こして「私が自分でも名誉と思うことの一つは、当初から、マクリントックが優秀であり、自分よりもはるかに優れていると認めていたことだよ」と述べている。ビードルもまた何年かのちにはよく似た話をした。「私も情熱家ですが彼女も同じくらい情熱家で、止めたところで私の細胞標本の解釈までやってしまうようなところがありましたね。もちろん、私よりもずっとうまく説明してしまいましたがね」。

マクリントックが天才であることには誰もが同意した。ローズは彼女が「何か特別である」と見なし、ビードルは「すばらしい」、「目を見張る」、「歴代最高の偉業」というような言葉で言い表した。ローズは1980年のインタビューでこう述べていた。「私はたくさんの著名な科学者と旧知の仲ですが、本当に天才だと思ったのは、マクリントックだけですよ」。

彼女の才能は誰もが認めた。しかし一部には彼女に腹を立てたり、彼女を扱いにくいと感じる人がいたのも事実である。ランドルフやビードルを打ち負かしたように、マクリントックは研究上のライバルを打ち負かし続けた。彼女はずる賢くて、厄介な競争相手であり、自分たちの研究や注目されるチャンスを盗むと感じて憤慨する人もいた。ビードルの場合、マクリントックと共著で1928年にサイエンス誌に速報として研究結果を発表することになっていたのだが、学部長であるエマーソンに不平をもらしていた。マクリントックによると、エマーソンはビードルをこうたしなめたそうだ。「マクリントックのように研究結果を説明することができる人間が周囲にいるのは、むしろ感謝すべきことじゃないか。お陰でゲーム感覚で問題を解決する楽しみを味わえるんだから」。科学記者マグレインによると、彼女はこう付け加えた。「実際、面白かったのよ」。

マクリントック一人だけではなく、彼女と彼女を取り巻く細胞遺伝学者たちは、古典派の遺伝学者たちとは研究方法や方向性が異なっていた。古典派の遺伝学者は古典的な育種法による遺伝形質の研究を通して植物遺伝学にアプローチしていた。彼らはマクリントックたちの研究方法に触れる機会がなかったことに加えて、マクリントックが結果を得るために用いた高精度かつ詳細な解析レベルにも慣れていなかった。このことは、彼女と「古典派」との間に絶えず意見の食い違いをもたらした。マクリントックはその状況を世代間の対立ととらえていたようで、「古典派の研究者は研究に対して私達ほど熱心でなかったのよ。だから同じグループに加われなかったのよ」と言い放った。

細胞学グループの面々は確かに熱い情熱を持っており、特にマクリントックはそうだった。彼女はひたむきに問題に取り組み、解決するまで昼も夜も集中して研究に没頭した。彼女には無限のエネルギーがあるかのように見え、強い意志をもって体力の限界まで挑戦したのであった。マクリントックについての物語には、時に実際の彼女よりも誇張して書かれており、しばしば根拠のないこともある。時にインタビューで語られるエピソードは年を経たためにあやふやになった記憶に基づいていたり、話もかいつまんで伝えられことがある。また、ロールモデルや英雄を求める女性や少女たちによって、実際の話が次第に美化されてもいた。また、マクリントック自身「美談」が好きなため、おそらく物語を膨らませた一面もあるだろう。マクリントックは基本的に表に出たがらない人であり、隠れ蓑を作り出していたとも思われる。そのような誇張された物語の一つが伝記作家コンフォートによって伝えられた「からからに干あがったトウモロコシ畑の話」である。この話が本当である証拠はない。この才媛の人生のどこをたどっても、それを証明する記録はまだ見つかってはいない。「長い日照りのために作物が全て枯れてしまう危機的な状況にあったとき、彼女がほおに涙を流しながら、厳しい野外作業の疲れもかえりみず、灼熱の太陽の下、枯れてしなびたトウモロコシ畑の丘の頂きまで灌漑用の水道管を敷いた」という話や、「夜中におきた洪水で播いたばかりの種子が洗い流された時、車のヘッドライト2つだけをたよりに、薄暗がりの中で畑全体に種子を播き直した」という話がある。実際にあったことかも知れない。だが、始まりのフレーズにはお伽話の「昔々あるところに・・・」が妙に合う話ではある。

マクリントックとクレイトン

1929年の夏、植物学専攻の若い大学院生がコーネル大学に入学した。彼女の名前はハリエット・クレイトン、21歳、ウェルズリー大学の卒業生で、その大学で26年間の教員歴をもつ科学者マーガレット・ファーガソンの学生であった。クレイトンの科学に対する知識と才能を認めていたファーガソンが、彼女にコーネル大学大学院への進学を勧めたのであった。

クレイトンがコーネル大学に到着すると、農学部植物学科の古植物学者ペトリーは彼女を大学院生ティーチング・アシスタントに採用した。植物生理学か細胞学を研究するつもりであったクレイトンは到着したその日に、たまたま、マクリントックに出会った。マクリントックは直ちにクレイトンの学習計画を変更させようと目論んだ。指導役にはシャープをつけ、自分はクレイトンの学習計画を立てた。それは遺伝学と細胞学を主専攻とし、植物生理学を副専攻とするというものであった。マクリントックはクレイトンに修士号を取らずに直接博士課程へ進むようにアドバイスした。これは当時一般的ではない進路であり、アカデミアに対する献身と自信をアピールするやり方であった。マクリントックはクレイトンの面倒をきちんと見た。クレイトンは女性であるがために、おそらくその先乗り越えなければならない障害があることを、マクリントックは知っていたからであろうか。それともこの若い学生の中に自分と似たものを見いだしたからであろうか。あるいは自分がいなくなって、シャープが細胞遺伝学講座に新たな助手を必要とする時のことを見ぬいていたのかも知れない。最後に挙げた理由が最も妥当だったと後年のクレイトンには分かった。いずれにせよ、マクリントックはクレイトンに多くのアドバイスを与え、クレイトンはそれによく従い、そこから生涯にわたる二人の友情が始まった。

ほぼ同じ時期にコーネル大学に来たバーナム同様、クレイトンもマクリントック、ローズ、ビードルたちの細胞学グループに迎えられた。クレイトンはすぐにマクリントックの有能な研究のパートナーとなった。博士号を取得してちょうど2年になるマクリントックは、エマーソンの教えの通り、クレイトンに対し心の余裕を見せた。エマーソンは若い新入生に研究計画を与える時、「あなたがもっているテーマの中で、最良で最も将来性のある課題を学生に与えなさい。」と指導していた。そしてそれはまさにマクリントックが実行していたことであった。

クレイトンに与えられた課題とは、トウモロコシの減数分裂の過程で、一方の親に由来する染色体断片上のいくつかの遺伝子と、もう一方の親の相同染色体上の遺伝子との間で起こる交叉という現象についてのものである。この交叉に関して、はっきりとした構造的な証拠を示すという課題がクレイトンに与えられた。育種家やメンデルのような遺伝学者は、子は両親から受け継いだ両方の形質を反映することをずっと昔から観察してきた。さらに、モルガンはまさにその過程について仮説を立てていた。そして、マクリントック自身は、実践的な細胞学の実験手法を用いることで交叉の構造的証拠を示すことができると信じていた。ひとたびクレイトンが課題を達成すれば、科学者たちは交叉の仕組みについてもっと多くのことを知ることになるはずであった。

二人の実験

実験計画は大きく二つに分かれていた。まず一つ目は、連鎖した遺伝子のセットが乗っている染色体の上に、染色可能かつ他にはない特徴を持つマーカーを探す必要があった。マーカーが見つかれば、2人の科学者（マクリントックとクレイトン）は、交叉の過程で染色体がどう動くかを顕微鏡下で追跡することが可能になるはずであった。二つ目は、同じ染色体上で、表現型から簡単に観察できる遺伝子マーカーを見つける必要があった。そうすることで、遺伝子と染色体の両方で同時に起こる交叉の動きを検証することができるはずであった。マクリントックはすでにその実験をある程度終えていた。彼女は目的にかなった連鎖遺伝子をいくつかすでに見つけていた。それらが全て同じ染色体上に乗っていることも証明していた。後は同じ染色体上の2つの遺伝子の近傍に存在する2つのマーカーを見つけるだけであった。もし、そのようなマーカーの染色体上の位置の決定と同定ができれば、彼女たちは、相同染色体上にそれらのマーカーを持たない親と交配する過程で、そのマーカーを追跡して交叉の結果を観察できるはずであった。実際、この二つの条件が整えば、細胞学的な手法を用いることで染色体の交叉と遺伝子の交叉が同じ出来事であるかどうかを知ることができるはずであった。

しかし、彼らが顕微鏡を使って細胞学の研究を始められるようになるには、先ずは山ほどの骨の折れる野外作業をしなければならなかった。クレイトンはその年の夏の初めに、マクリントックが観察した遺伝的かつ細胞学的な特徴を示すトウモロコシの種子を播いて栽培することから始めた。播いた種子はそれぞれの親の植物体から得られたものであり、もし、丈夫に育たなければ、もう一度種子を取り直すところから始めなければならない。つまり、目的の実験は、始めることすらできない貴重な種子であった。

トウモロコシ研究者の仕事

トウモロコシ（*Zea mays*）が遺伝学の研究に理想的な材料とされるのにはいくつか理由がある。種子に表れる色と模様の多様性（斑入り模様のこと）は、まるで遺伝情報を示すフルカラーの図表そのもので、その遺伝情報は穂軸上の粒の色や模様として発現する。それに加えてトウモロコシは自家受粉、他家受粉のどちらでも可能である。トウモロコシには雄花雌花の両方が一本の植物体に存在するからである。雄花つまり花粉は軸のてっぺんの房にあり、雌花は絹糸（けんし）の根元にある。自家受粉は研究者にとって有用な選択肢である。なぜなら、自家受粉によって特に目につく表現形質を持つ純系をつくりだすことができるからだ。春植えのトウモロコシは７月中旬に生殖期をむかえる。コーネル大学のトウモロコシ遺伝学者達にとっても最も重要な時期の到来である。彼らは張り切って作業にとりかかった。毎日、夜明けから日没まで、たとえそれが週末であってもトウモロコシ畑で働いて、計画通りに実験が進むように交配に努めた。自然状態では風や虫が近くの絹糸まで花粉を運ぶ。一粒の花粉が近くの絹糸に達すると、花粉は発芽し、絹糸の長い管を通って穂軸の根元にある卵へと精子を送りこむ。精細胞と卵細胞は融合し、種子を形成する。種子の中の胚は次の世代を形成する。それぞれの精子と卵子の組み合わせが一つの種子を生み出す。

研究者は実験に際して余計な変異の混入を防ぐために、不要な授粉の機会を避けねばならない。しかるべき花粉がしかるべき絹糸に付くように、遺伝学者は雌花と雄穂を紙袋で覆い、花粉の飛散や卵子が望ましくない精子と接合するのを防ぐ。その後、自家受粉のために紙袋の中の花粉を手で絹糸に移すのである。

クレイトンは自分のような若い研究者にこの種子をゆだねたマクリントックの信頼がどれほどのものか、初めはわかっていなかった。しかし、徐々に自分たちが前人未踏のことをやろうとしていることに気づいたのであった。当時、彼らはトウモロコシの細胞遺伝学の最先端にいたのだ。クレイトンは、暑い日に何日もトウモロコシ畑で過ごした。日当りのよい、温度が下がらない土地に貴重な種子を播いた。彼女は朝早くから夕食時までずっとトウモロコシの手入れをして過ごした。もし病気になったり枯れてしまったりしたら、その夏の仕事が全てだめになってしまうのだ。また苗のうちは、水撒きや除草が必要であった。その他にも世話することはたくさんあった。二人の研究者は、遺伝的な形質の記録をとるために発芽したての植物体に目印を付けたり、重力や風や昆虫を介してめしべに不要な花粉がつかないように紙袋でおしべを包んで受粉を調整した。最終的に、クレイトンとマクリントックは自分たちが望んだとおりの遺伝的形質を持つ植物体から慎重に花粉を採取し、手で受粉をさせたのであった。

マクリントックとクレイトンは、灼熱の太陽の下トウモロコシ畑で重労働をして過ごした一日を白熱したテニスで締めくくることがよくあった。クレイトンのテニスの腕は確かであったが、そんな彼女でさえ、マクリントックは染色体の研究と同じく容赦のない攻めのテニスをしたと、言っている。

その夏、クレイトンは毎日同じ仕事をこなしていたが、初めはあまり情熱を感じてはいなかった。夏も半分ほど過ぎた頃になって自分がいわば「全く誰も触れたことのない処女地」を開拓していることに気づくと、彼女はその研究をしっかりとやり始め、自分が大切なことをやっているという誇りを持つようになった。マクリントックの情熱は人にうつりやすく、クレイトンはこの勤勉でパワフルな科学者と一緒にやる仕事は、困難に直面したときこそワクワクするものだと気がついたのであった。

学生や同僚達の間では、マクリントックの考えは時に理解するのが難しく、また、自分の説明を理解しようと努力しない人に対しては容赦がないと言われていた。しかし、クレイトンは如才なくすぐにマクリントックの気持ちについて行く術を心得た。マクリントックが饒舌な時には、尋ねられてもいない質問、つまり本当は聞き手が尋ねなければならないのに、実際にはされていない質問に答えている時だと理解していた。クレイトンはマクリントックの会話の中にある飛躍をキャッチし、行間を読みとって、さらに深い論点を見つけ出すことを学んだ。この洞察力は、クレイトンにマクリントックとうまくコミュニケーションするための最高の手がかりを与え、その結果、マクリントックの複雑な細胞学の解析を理解し、常に彼女の大きな期待に沿うことができるように成長した。

実験結果の発表

次の夏、モルガンがコーネル大学の名誉ある特別講義の講演者として招待された。特別講義には学生や教授陣が参加したが、彼は最後の講義を終えたあと構内を見学する機会を得て、研究の話をするために大学内の同僚の研究室を訪ねて回った。

途中マクリントックとクレイトンの研究室に立ち寄った時、彼はクレイトンが説明した二人の研究をとても興味深く聞き終えると、「君達、この結果をもう査読のある専門誌に投稿したのかい？」と訊ねた。クレイトンはまだだと答えた。自分たちの実験結果をより確かなものにしたかった二人は、発表する前に、1931 年に植え付けたトウモロコシからさらに有効な実験結果を得ようとしていたのだ。

論文発表は科学の車輪を回す一番の推進力である。それは名声へと続く道を進むエンジンでもある。そして、研究の成功と新しい発見を意味するのである。また同じ分野の研究者が研究を発展させる足がかりを与えることにもなる。このような絶え間ない成果の公表、そして、その結果促進される知識の流れ、更には修正や改善の機会があるからこそ科学は発展していく。しかし、投稿された全ての論文が発表されるわけではない。重要な実験とその結果の解析が終わると、研究者たちは自分たちの分野の雑誌に報告するのが一般的である。もしくはそれが十分に広く興味を引くものであれば、彼らはもっと科学全般を扱った、名声の高い、「サイエンス」や「ネイチャー」などの科学雑誌に挑戦する。投稿論文には普通、実験方法とその結果（期待したものであろうとなかろうと）が記載される。読者の興味を引く論文であると雑誌の編集者に判断されれば、その論文は多くの同業者によって査読をうけることになる。

(写真) マクリントック(左)とハリエット・クレイトン(右)は生涯を通じて友人であった。これは、1950年代のコールド・スプリング・ハーバーシンポジウムで話し合っている二人。(コールド・スプリング・ハーバー　アーカイブ提供)

ここでいう同業者とは同じ分野の研究者のことである。もしその論文が査読を通れば、編集者はその論文の発表を認める。他の科学者が、すでに発表された論文やデータを利用する場合、彼らは情報源を明らかにするために参考文献や引用を明記する。こうして、研究結果は他の研究者に知られることになる。こうやって科学者は絶え間なく情報交換をするため、互いに学びあう同業者のネットワークが形成されてゆくのである。

モルガンはクレイトンとマクリントックの結果を早く公表すべきだと確信していた。しかし、当の二人の研究者は二回目の実験データをとることで、自分たちの結果を確認したいと思っていた。クレイトンの指導教員であるシャープは、クレイトンがまだ博士号をとっていないことを気にかけていた。この実験結果は彼女の博士論文の根幹であり、学位を取得するまで少なくとも三年間の研究をする必要があった。後年のクレイトンの述懐にもある通り、モルガンは早く発表しないと2人が最初に成し遂げた大きな発見を誰かに先に発表されてしまう可能性があると強く説得した。タイミングを逃せば、他の誰かが第一発見者の功績を得ることになるのだ。モルガンは直ちに米国科学アカデミー紀要の編集者に向けて短い手紙を送った。モルガンがクレイトンとマクリントックを急がせた結果、二人は7月上旬にこの論文を投稿した。そして直後の8月にその論文は発表されたのであった。この論文は「クレイトンとマクリントックの論文」として引用され、生物学の最も偉大な実験の一つとして広く知られている。

後にモルガンは、当時カート・スターンがドイツのカイザーウィルヘルム研究所*でショウジョウバエを用いて同様の実験を進めていたことを知っていたと白状したと言われている。当時の情報交換のスピードは現在よりも遅く、スターンは、1931年のクレイトンとマクリントックの論文のことを、数ヶ月後のある学会で自分のショウジョウバエの結果を発表して、その時初めて知った。モルガンは、二人のトウモロコシ研究者のプロジェクトを急がせたことについて尋ねられるとはっきりと言った。「私はトウモロコシがショウジョウバエに勝つチャンスが来たと考えた」。スターンの場合には、10日ごとに新しい世代を得る利点があったのだが、トウモロコシの研究者たちは、彼らが研究している気候帯では、一連の結果を得るのに一年待たなければならなかったのだ。しかしながら、トウモロコシの研究者たちが疑いなく一番乗りを果たしたのだ。ローズがかつてマクリントックについて述べたように、彼女は重要な研究結果を出す「魔法」を持っていたように思われる。「彼女が触れた植物全てがぐんぐんと背丈を伸ばしていく」と彼は興奮を隠さなかった。この実験の成果は、マクリントックにとってその後に続く数多くの重要な発見の第一歩となった。彼女とクレイトンは、染色体が遺伝子を運び、遺伝子が表現形質を担う実体であることを明らかにした。彼らの成果はまた、交叉すなわち染色体の一部の交換が生物に多様性をもたらす一因となることを説明するものであった。

この論文はマクリントックの科学者としての地位を不動のものにした。Great Experiments in Biology（1995年）という本の中で、著者のモ

（* 訳注　現在のマックス・プランク研究所の前身）

ルディカイ・L. ガブリエルとセイモア・フォーゲルは「これはまさしく近代生物学の偉大な実験の一つである」と書き、Classic Papers in Genetics（1959 年）では、編集者のジェームス・A. ピーターズは「この論文は実験遺伝学における金字塔と呼ばれてきた。しかし、それ以上のものである。すなわち、実験遺伝学の礎である」と書いている。

4.

旅の途中

(1931-1936年)

1931年春学期の終わりにはマクリントックの心は決まっていた。その頃、気心の知れた細胞学グループもバラバラになりはじめていた。すでに1930年にはビードルはカリフォルニア工科大学に移り、そこで米国学術研究会議から博士研究員の奨学金を得ていた。1931年にはクレイトンとローズは博士号を取るための研究の真っ最中であり、マクリントックのコーネル大学での4年半に及ぶ補助教員の職も終わりに近づいていた。なお、ローズは1935年に米国農務省で遺伝学者として職を得ることになる。クレイトンは1934年の終わりにコネティカット女子大学で教職に就いた。そこで彼女は助教になり、終身地位保証の身分を手に入れて将来は正教授に昇進することを視野に入れていた。コネティカット女子大学に移ってからのクレイトンの主な仕事は教育だったが、彼女は研究も続けた。

米国学術研究会議から2年間の研究奨学金をもらえると決まって、マクリントックのコーネル大学を離れる決意は決定的なものとなった。1930年代初頭、研究奨学金を獲得することは男性の博士号取得者にとっては当然のことと考えられていたが、女性科学者であるマクリントックにとっては大変に名誉なことであった。マクリントックはそれを自分が幸運である証だと思った（実際には彼女の研究の素晴らしさが認められた証と言った方がふさわしい)。当時は研究資金を手に入れることが難しい暗い不況の時代であったが、この奨学金があったからこそ彼女は研究を続けることができたのだ。暮らし向きはつつましく、研究はほとんど自給自足だった。彼女は少ない研究資金を長い間大切に使った。そして、その後の2年間は、細胞学と遺伝学で最も評判の高い2つの研究機関で過ごす充実した期間となった。一つはスタッドラーと仕事をすることになるミズーリ大学。もう一つはアンダーソンと仕事をすることになる(そしてビードルやバーナムが行き、1928年にはモルガンがコロンビア大学から移ってきた)カリフォルニア工科大学であった。

研究室から研究室へと遊牧民さながらに渡り歩いたマクリントックは、アメリカを縦横に動き回れるようにと古いA型フォードのロードスターを買った。彼女はコーネル大学を拠点に、カリフォルニア工科大

(写真) マクリントックは自分専用のトウモロコシ畑を持ち、研究を通じて数千種を栽培した。そして発芽から受粉まで自分で管理した。(コールド・スプリング・ハーバー研究所アーカイブ提供)

学、ミズーリ大学、コーネル大学の間を行き来した。何千マイル分もの砂埃を吸い込んだせいでその古い車が壊れてしまった時には、道具を引っ張り出して自分で修理した。1931年の夏の数ヶ月間はミズーリ大学に赴き、スタッドラーと共にX線照射について研究した。博士研究員の最初の年度に当たる1931年から1932年にかけて、冬の数ヶ月間はカリフォルニア工科大学で過ごし、二年目の冬も西海岸に戻った。その合間には拠点のコーネル大学も訪れた。

多くの成果を得たこの時期の特徴は、全体として彼女が自由を満喫したことである。マクリントックは奨学金という研究資金を持っていたため、三つの大学のどこででも最高の機器類と最も優れた遺伝学者にアクセスすることができた。大恐慌が財政面に暗い影を落とす中、彼女は奨学金のおかげで研究機関の資金をあてにせずに済んだ。彼女はミズーリ大学のスタッドラーとカリフォルニア工科大学のアンダーソンの双方から温かい招聘を受けたが、カリフォルニア工科大学での彼女の研究は一時期危うくなった。金銭面でお世話にならない場合でも、そのような招聘は評議員会の承認を必要としたからだ。マクリントックは男子校に招聘された最初の女性博士研究員だったのである。評議員会は初めは迷ったが、彼女の招聘を許可した。当時のことを彼女はこう語っている。「最初の日に、博士研究員も会員になれる教員専用クラブに、昼食を食べに連れて行って貰ったのよ。そしたら入り口のドアからテーブルにつく間に部屋が静まりかえってしまったわ。ざわめきが急に止まり、じろじろ見られて気になった私は思わず、『私、何かおかしいでしょうか？』と耳打ちしたのよ」。評議員会が彼女を受け入れたことが噂になり、話題の人物になっていたのである。マクリントックの記憶では、その日から、彼女は二度とそこには行かず、人付き合いを避け、あえて自分の研究室以外の場所に行くことは極力しなかった。ただし、女性の権利の問題も含めてあらゆる問題に進歩的な考えを持つことで知られていた著名な生物学者ライナス・ポーリングの所へは訪れていた。また、マクリントックは必要な場所には自由に行けたし、学内で彼女を温かく受

(写真) カリフォルニア工科大学でマクリントックは化学者のポーリングのもとを頻繁に訪れた。ポーリングが1954年にノーベル賞を受賞する何年も前のことである。(米国国立医学図書館提供)

け入れてくれる多くの友人を得た。モルガン一家もそのような友人であり、マクリントックはカリフォルニア工科大学で研究をしていた間、よく彼らの家を訪れた。ちなみに、カリフォルニア工科大学が最初の女性教授を雇ったのは、それから40年後のことである。

ミズーリ大学でのX線照射実験

ミズーリ大学はコーネル大学同様、米国農務省とつながりを持つ連邦土地交付大学*である。本部キャンパスは当時から変わらず今もミズーリ州中央部のコロンビアにある。コロンビアは「リトルディキシー(小南部)」とニックネームのついた地域にある小さな大学町で、そこにはまだ1860年代の南北戦争の苦い記憶が残っていた。ミズーリ大学はコーネル大学より外部からの人間に閉鎖的であったが、マクリントックは1926年にそこで遺伝学者のスタッドラーと友達になった。当時マクリントックはコーネル大学で博士号取得のための研究に取り組んでおり、スタッドラーはエマーソンの下で研究する米国学術研究会議の博士研究員だった。スタッドラーとマクリントックはこの間に互いに大いなる敬意を払いあう関係を築き上げた。

スタッドラーはトウモロコシの花粉にX線を照射して得る効果を研究していた。その手法は1926年頃にスタッドラーが独自に考案したものであり、マラーがショウジョウバエでの突然変異の誘発にX線を用い始めたのとほぼ同時期だった。(しかしマラーはスタッドラーの情報をつかんでおり、研究結果をスタッドラーより一年早く1927年に公表

(* 第2章訳注参照)

した。この研究によってマラーは1947年にノーベル医学生理学賞を受賞した。）突然変異とは偶然に起こる遺伝子や染色体の変化であり、多くの理由から興味の対象とされている。突然変異は進化する手段であるため進化学者はもちろんのこと、染色体上の遺伝子の位置を特定しようとする遺伝学者にとっても彼らなりの理由で興味の対象であった。突然変異を起こした遺伝子は当然、親の遺伝子とは違ったものになる。そのため、例えばショウジョウバエの突然変異体を「正常」なものと交配することで、細胞分裂の間、特に減数分裂の際の交叉において何が起こっているのか、研究者が追跡できるようになるのだ。

昔の遺伝学では、突然変異が起きるのをただ待つだけであった。それは、特にトウモロコシのように年にたった1回か2回しか収穫できないものでは非常に時間のかかるプロセスだった。しかしスタッドラーは、トウモロコシの花粉にX線を照射することで突然変異の誘起過程を劇的に早めることに成功した。突然変異の頻度も発現の多様性もどちらも非常に高かった。その結果、解析試料が増えたマクリントックやスタッドラーのような細胞遺伝学者が、遺伝子と染色体の構造や変化を理解する扉を開くこととなった。

この最先端の仕事の一端を担えたことはマクリントックにとって大きな喜びであった。そして、その過程と結果のどちらにも非常に興味を抱いた。（実際、トウモロコシの種子に見られる突然変異に関する彼女の観察と研究は、最終的に彼女の最も偉大な仕事である転移性遺伝因子、別名「動く遺伝子」の発見に繋がった。そして、この発見は今日の遺伝子工学を築き上げる礎となった。）

スタッドラーはもっと多くの変異体を迅速に作り出す作業にとりかかった。まず研究したい形質を決めた。次に優性遺伝子を持つ植物体から花粉粒を集め、それにX線を照射した。そして劣性遺伝子を持つ種子から育成した植物体の雌しべにX線照射済みの花粉を受粉させた。結果は劇的だった。X線照射は子孫の染色体の構造を大きく変え、変異は幼植物体の段階でも容易に見てとれた。様々な変化が子孫で現れたが、特に明らかなものは種子の色と質感だった。

マクリントックは1926年の夏を染色体レベルでどのような変化が起きたのかを正確に知るために費やした。ここに至って、まるで細胞の中にまで「潜入」し、そこを見て回ることが出来るかのような彼女の才能が遺憾なく発揮されたのである。X線照射によって染色体構造に生じた小さな物理的変化を指摘するのは難しいことであったが、マクリントックにはそれができた。減数分裂の際に損傷した染色体と正常な染色体が交換されると、遺伝物質の切断、欠失、逆位、転座等が起きるが、まさにその特徴がX線照射後の後代に生じたのである。マクリントックは俄然燃えた。「見るもの全てに心を奪われた」と彼女は後にその時の心境を述べている。1931年12月、ミズーリ大学農業試験場紀要で彼女は夏の仕事の結果を発表した。

環状染色体

ときにマクリントックには自分でも説明できない、冴えたひらめきがあった。それはあるテーマについての並外れて豊かな知識や、優れた技能を持っている人にしばしば起きる種類のものだ。ある日ミズーリのトウモロコシ畑の区画で見た一群の斑入りの植物の場合がそうだった。そ

(写真) マクリントックはトウモロコシの茎と葉の斑入りが、環状染色体が失われるという突然変異によって引き起こされることを発見した。(マクリントック論文集、米国哲学協会提供)

の斑入りがX線によって引き起こされた突然変異であり、優性と劣性の形質が混ざったものであることが彼女にはわかった。後に「その斑入りの植物を特には調べなかったけれど、なぜか頭を離れなかったのよ」と回想している。

マクリントックは好んでよくこの話をしたのだが、1931年の秋、彼女はカリフォルニア大学バークレー校の研究者から送られてきた別刷りを受け取った。そこに彼女がミズーリで見たものと同じ種類の斑入りが載っていた。バークレーの研究者たちもまた、染色体の切断あるいは欠落で生じた小さな染色体について触れていた。

彼女の頭の中で断片が突然ジグソーパズルのようにぴったりはまった。「あっ、これは環状染色体ね。環状染色体だからこんなことをするのでしょう」環状染色体はすでに発見されていたが、それが植物の斑入りを引き起こすことは、それまで誰も知らなかった。しかしマクリントックには、交叉の時にたまに生じる染色体の「ノブ（瘤）」の種類や、細胞分裂のいろいろな段階で起こる染色体の変化がよく頭に入っていたので、まるで顕微鏡を使って観察したかのようにその過程が全てわかってしまった。

環状染色体突然変異は通常、染色体が切断されてしまった時、その切断された両端がつながることで作り出される。マクリントックは、植物の生長段階の初期に葉の色の優性遺伝子を運ぶ染色体が切られて環を形成したのではないか、と推測した。通常は環状染色体も分裂時には型通りの「染色体のダンス」をし、結果、正常な優性色を発現させる。しかし、このダンスで環状染色体は時々気まぐれな脚さばきを見せ、一つの環のかわりに二つの環を形成する「姉妹鎖交換」（染色分体交換）を引き起こすことがある。小さな方の環はセントロメア（染色体の二本の腕が付着している構造体）を含まず、もう一方の環は二つのセントロメアを含む。優性の色の遺伝子が小さな方の環に載ってしまうと、その遺伝子は「失われ」、斑入りと呼ばれる様々な模様を持つ植物が出来上がる。彼女がカリフォルニア大学バークレー校の研究者に自分の考えを書いて返事を出すと、その研究者から次のような返事が来た。「まっとうなアイデアとは言えませんが、それしか考えられませんね」

翌年の夏ミズーリに戻ってトウモロコシ畑の中を歩くマクリントックの姿は自信に満ち溢れていた。斑入りのトウモロコシを指さしスタッドラーに自分の打ちたてた仮説を語って聞かせた。顕微鏡を覗きさえすれば証明されるとの確信があった。その時の大胆さには我ながら驚いていたと本人も後に語っている。そして、研究室に帰って顕微鏡を覗くと、最初の1枚目のスライドから彼女の予想が全て正しかったことが証明されたのであった。

その後、1932-33年度にカリフォルニア工科大学を訪問するためカリフォルニアに滞在中、彼女はカリフォルニア大学の研究者、大野乾博士と彼の同僚から招待を受けて研究室を訪れた（年代的にみてこの記述には疑問がある：訳者註)。案内された部屋の机の上には顕微鏡がセットされていた。彼女がレンズを覗き込むと、そこにあったのは確かに環状染色体だった。この栄光の出来事を記した記録はないと思われる。しかし、これは研究力と洞察力が勝利したマクリントック本人もお気に入りの物語である。

マクリントックがミズーリに着くと、スタッドラーは、彼がX線照射した植物の染色体を観察するように頼んだ。彼女が観察した結果、染色体上で特定の構造変化が起こると、植物の形質に特定の異常が観察されることが分かった。彼女が明らかにした構造変化は、転座（染色体の一部が新しい場所、また時には別の染色体へ移動すること。今では「転移」という名称がより一般的に用いられている)、逆位（染色体が二ヶ所で切断され逆方向に再挿入されること)、欠失（染色体の一部が失われること)、環状染色体、そして切断—融合—染色体橋形成*、である。

その後何年にもわたってマクリントックはこれらの研究を積み重ね、それは彼女の生涯の仕事の基盤となった。そして、この基盤があったか

（* 第5章参照）

らこそ、彼女がトウモロコシのストックから遺伝学と遺伝の新しい理解を体系的に引き出すことが可能となり、それらの理解が生物界の他の種にも通じる概念へと広がっていくことになるのである。

核小体形成領域

1933年の秋、マクリントックは博士研究員の最後の学期をカリフォルニア工科大学で過ごした。彼女はそこで第6染色体に目をつけた。この染色体は付随体のような奇妙な構造を持っていた。それは実際には密度の高い構造であり、現在では核小体と呼ばれている。(当時まだ核小体についてあまりわかっていなかった。現在では、リボソームの主要な構成物であるリボソームRNAが合成されることが知られている。)

彼女は第6染色体の末端、核小体の隣に別の興味深い構造を見つけた。この極めて小さな謎の場所はしばらくの間マクリントックの頭から離れなかったが、誰一人として彼女の興味に共鳴する者はいなかった。核小体の形成において、その構造が何らかの役割を持つことを彼女は確信し、それを核小体形成領域（NOR）と呼んだ。それがないと核小体が組織化され構築されないことが彼女には分かっていたのだ。

カリフォルニア工科大学の遺伝学者アンダーソンはマクリントックを招いて、ある染色体を見せた。そこで彼女は転座がNORを2つに分断している例をいくつか見つけた。分割されたNORの各部分はそれぞれ独立した核小体を形成していた。

コーネル大学：短い帰還

博士研究員の日々は終わり、マクリントックはビードル、アンダーソン、モルガン一家に別れを告げ、コーネル大学に戻った。そこでは、彼女のよき友であるエスター・パーカー博士が自宅をマクリントックが自由に使えるようにしてあった。パーカーは医師であり、第一次世界大戦中は救急車の運転手として従軍した後、イサカで開業医となっていた。

奨学金は1933年に終了したものの、その前後は実り多き数年間であった。モルガン（カリフォルニア大学バークレー校）、エマーソン（コーネル大学）、スタッドラー（ミズーリ大学）といったような、彼女の研究分野におけるトップクラスの研究者と共にただ興味の赴くままに研究に取り組むことができ、大きな成果も残すことができた。マクリントックにとっては毎日が刺激的であり生産的であった。目が覚めた瞬間から、まるでプレゼントを開ける子供のようだった。当時のことを「毎朝、研究室に着くのが待ち遠しかったものよ。眠る時間さえもったいなかったわ」と語っている。

数年後に米国大学婦人協会の講演で当時を振り返りながら彼女は、若い科学者達に自分のような機会を提供することの重要性を述べた。「若者たちにとって奨学金は極めて重要なものです。勉学や研究に集中できる自由は、他のどんな手段を使っても得られません。彼らは活力に満ちあふれ、新しい分野へ参入したり新しい技術を活用したりする勇気や能力もピークを迎えているのです」

米国学術研究会議からの奨学金が終わると、マクリントックはグッゲンハイム財団に別の奨学金を申請した。モルガン、エマーソン、スタッドラーは全員、何人かの他の仲間と共に、彼女のために推薦書を書いた。彼女はベルリンのダーレムにあるカイザー・ウィルヘルム研究所でカート・スターンと一緒に研究したいと考え、奨学金の申請も通るだろうと考えていた。全てがうまくいっているように見えた。しかし、マクリントックはドイツで進みつつある恐ろしい政治の変化に気づいていなかった。それは彼女一人ではなかった。アメリカでは1930年代のドイツで何が起こっているのか、ほとんど知られていなかったのである。

第2次世界大戦前のドイツ

ドイツに到着するとマクリントックが頻繁に目にしたのは、突撃隊員の姿とユダヤ人に対する嫌がらせだった。驚きと失望そのものだった。スターンはカリフォルニアに永住することを決意し、もうそこにはいなかった。しかし彼女は、当時のカイザー・ウィルヘルム生物学研究所の所長、リチャード・ゴールドシュミットと意気投合した。彼はユダヤ人だったが、迫害に対し気丈にふるまっていた。しかし不吉な前兆は感じ取っていた。そしてこの3年後にはドイツを離れ、カリフォルニア大学バークレー校に移ることになる。ゴールドシュミットの伝記にある1930年代前半の記述で、彼は皮肉っぽく次のように述べている。「夜、コンサートからの帰りの電車で突撃隊と一緒になるのは気が重かった。彼らはすてきな歌を歌っていた。『われらのナイフからユダヤ人の血がしたたり落ちれば、われらは幸せだ、ああ、実に幸せだ』しかしこうしたことは私たちが去った後に起こった出来事に比べると、まだちょっとした嫌がらせにすぎなかった」

自由奔放に物事を考えるゴールドシュミットは自尊心も強かった。マクリントックはその両方を好んでいた。彼の考え方は科学の定説に縛られておらず、一般的だからという理由で意見を受け入れることはしなかった。彼はまた間違うことを恐れず、想像力にも富んでいた。例えば、進化は少しずつ起こるというダーウィンの考えを彼は認めなかった。その代わりに、彼は自ら「マクロ突然変異」と呼ぶ突然起こる大きな変化によって新しい種は生まれると主張していた。「私は彼の考え方が好きだったし、そして彼の自由さも好きだったわ」とマクリントックは述べていた。マクリントックは自由さえあれば科学も人生もこの上なくうまく行くと考えていたのだ。

ゴールドシュミットはマクリントックの困惑を理解し、政治の影響から縁遠いフライブルクに移って、当時生殖細胞形成に対する環境の影響について研究していた発生遺伝学者、フリードリヒ・エルカーズのもとで研究をするように薦めたのだった。

フライブルクのライオンと

相変わらず気の滅入る日々が続いた。だが、フライブルクにいる間も研究は続け、核小体に関する観察結果の論文執筆を続けた。細胞核内の、謎めいて好奇心をそそる丸い形の物体について当時はほとんど理解されておらず、マクリントックの論文でも結論は出せなかった。後に彼女自身もその論文の不出来を認めている。それにもかかわらず、その論文は1934年にドイツの評判の高い学術雑誌であるZeitschrift fur Zell-forschung und mikroskopische Anatomie（顕微解剖学・細胞学雑誌）で発表され、「トウモロコシ核小体の発達に対する特定の染色体要素の関与」として知られる著名な論文となった。

科学史家コンフォートは、「ドイツはマクリントックをダメにした」と記している。その論文の不明確さや使われている用語の一貫性の無さは、それを書いた時の彼女の精神状態によると読者には分るはずだと、彼は言う。その一方で、コンフォートはまた、彼女が「フライブルクのライオン」と称された発生学者シュペーマンの影響を受けたかもしれないとも考えていた。シュペーマンは1935年のノーベル医学生理学賞の受賞者であるが、非物質的なパワーやエネルギーが生物の命や機能を与えるとの思想であり、科学者の間では一般的に信用されていない教義である生気論に心酔していた。

彼は、研究者になりたての1901年から1906年の間、発生学的誘導と彼が呼んだ過程を研究していた。ある組織が他の組織と接触することによって、新しい組織の形成に発展することもあれば、その形成を誘導することもあるのだと言う。その後1920年代には、彼は「形成体」として知られている概念を考えついた。これは、神経系の始原組織である神経板の誘導を引き起こす特別な組織である。しかし、シュペーマンの見解では、この現象は自然な過程によって引き起こされるものではなかった。彼の説は、形成体組織は化学物質を分泌することによってその効果を生み出すのではなく、ある「場」を創り出し、生気論的な作用因子となって、一種のマスタープランナーとして働き、接触した細胞に指令を出し、組織を創りだしているというものだった。この形而上学的な偏った考え方を持っていたにもかかわらず、シュペーマンは胚発生の理解に多くの貢献をし、彼の形成体に関する発見は発生生物学の分野に大きな影響を与えた。マクリントックがシュペーマンの研究所で働いている間、彼女自身の形成体の概念、つまり核小体形成領域（NOR）について研究していたのは納得できる。

落胆からすっかり引きこもってしまっていたマクリントックは、ドイツ滞在を早めに切り上げて、1934 年にイサカのコーネル大学にもどった。グッゲンハイム財団は彼女の奨学金の期間を延長したので、その資金によってコーネル大学で自分の研究を続けた。その奨学金も底をついた時、エマーソンはロックフェラー財団と交渉し、マクリントックに助手の身分で年 1, 800 ドルの 2 年間の奨学金の付与を取り付けてやった。しかし、これはあくまでもマクリントックが研究を続けられるようにするための、一時しのぎの代替手段に過ぎなかった。しばらくの間はこれによって助けられたが、明確なキャリアパスや恒久的な身分保障がないことが、彼女を苦しめはじめていた。

科学者の大脱出：1930 年代のドイツ

1918 年の第一次世界大戦で敗北した結果、ドイツの景気は悪化の一途をたどった。インフレーションが猛威を振るい、悲惨な事が満ちあふれ、怒りが渦巻いていた。この怒りの感情は、ドイツに国家的プライドと未来への希望の感覚を取り戻させる、奇妙ではあるがカリスマ性のある一人の若者を登場させた。その若者はドイツ国民に攻撃する対象を与えた。ユダヤ人、ジプシー、同性愛者といった、アーリア人ではない、あるいは「望まれない」あらゆる集団、中でもユダヤ人がその攻撃の対象となった。ユダヤ人はしばしば富裕層の大部分を占め、同時に世界中で迫害を受けてきた長い歴史も持っていた。その若者は不況に苦しむ大衆の間に羨望と嫉妬の炎をかき起こし、それによって彼の人気は上がっていった。1933 年、彼—アドルフ・ヒトラーは首相になり、絶対権力者となっていった。

すでに 1933 年までにヒトラーは弾圧と殺戮のための組織を用意していた。1925 年には SS（親衛隊）がヒトラーの個人的な護衛特殊治安部隊として創設されていた。この集団はこののち数年で、権力の範囲を拡大した。別の集団ゲシュタポ（秘密警察）は 1933 年に創られた。この年マクリントックはドイツを訪れていた。

ユダヤ人への迫害は時を置かずに始まった。1933 年の 2 月には、政府が理由もなしに個人を拘束することができる法令が出された。ユダヤ人の家族、ジプシー、同性愛者、ヒトラーのナチ党への反抗容疑者、そしてナチの力を削ぐと考えられる人々は夜の闇の中に姿を消した。逮捕され、強制収容所へと引きずられて行ったのだった。

ナチスがユダヤ人研究者をまずは管理職から、後には研究職や教育職から排除し始めると、ユダヤ人であろうとなかろうと多くの科学者もまた家と職を捨てドイツを離れ始めた。1930年代にナチが領有した国々から逃げ出した人々の中には、(かつてベルリンのカイザー・ウィルヘルム研究所の所長であった）アルバート・アインシュタイン、マックス・ボルン、エルヴィン・シュレディンガー、そしてエンリコ・フェルミといった天才たちも含まれていた。カート・スターンも仲間たちと共にもはやドイツには戻らない決意を固めた。1936年には遺伝学者のリチャード・B.・ゴールドシュミットもまた、カリフォルニア大学バークレー校から安全に研究活動を行える場所を提供され、カリフォルニアに向かって大西洋を渡ることになる。

マクリントックは、1933年から1945年までの、ナチスが6百万人（控えめな見積もりであり、一部の歴史学者はその数をもっと高めに設定している）を処刑した大虐殺と恐怖支配の始まりに、ちょうど足を踏み入れてしまったのであった。

5.

ミズーリでの日々
(1936-1941年)

マクリントックは苛立っていた。研究では多くの賞賛を集め、確かな内容の論文も多数執筆してきたが、職の見通しが全く立たず、宙ぶらりんの状態だった。コーネル大学でのロックフェラー財団からの助成期間は終わろうとしており、大学のあるイサカは我が家同然になっていたものの、彼女は自分が旅してきた道が行き止まりになっているように感じた。春が来たが、彼女には行き場がなかった。1935年4月には「職が見つかる兆しすらまだないのよ」と、友人に宛てた手紙の中で彼女は落胆と将来への不安を訴えている。「仕事もうまく行かなくなってきているし、安心して『仕事に専念できる』余裕が必要なのよ」とこぼしていた。

1936年の春、ミズーリでの仕事の話が舞い込んで来ると、地平線から陽が昇るのが見えてきた。スタッドラーがミズーリ大学コロンビア校の助教にならないかと言ってきたのである。この職に就くことにより1931年と32年の夏に博士研究員としてスタッドラーと共に行ったX線研究に戻る機会を得ることになるのである。

しかしマクリントックは、その地位では彼女が望んでいた安心を得られないかもしれないと感じた。助教は教員の職階としては補助教員よりも一段高い地位ではあったが、彼女は、その肩書きでは十分な昇給もなく、自分の能力も充分には認められないと感じた。しかし、歴史家のカスが指摘するように、10年間勤務すれば終身制に移行できる職であった点から見ても、それは良い申し出だった。スタッドラーとの関係は良好である上、ミズーリ州のど真ん中にあるキャンパスは博士研究員時代から馴染みのある場所だったため、彼女はその申し出を受け入れた。

切断—融合—染色体橋サイクル

スタッドラーのX線照射染色体を調べているときに、マクリントックはX線に曝された染色体の末端が擦り切れたように切断されていることを発見した。驚いたことに、これらの擦り切れた染色体末端は、別の切断された染色体の擦り切れた末端と融合して自己修復しているように見えた。続いて起こる細胞分裂の時にこれらの継ぎ目の領域にあまりにも大きい力がかかることになるので、融合した染色体は再び切断されてしまう。染色体上で修復された領域が切断されるたびに、染色体はさらに多くの遺伝情報を失うことになる。マクリントックはこの三つの段階の名称をハイフンで結び、その過程を「切断—融合—染色体橋（BFB）サイクル」と名付けた。

1938年BFBサイクルに関して述べたマクリントックの論文は、同僚達の間に大きな称賛を巻き起こした。これにより彼女はスターの地位に登りつめ、トウモロコシ細胞学の大家の一人としての地位が確固たるものとなった。BFBサイクルはマクリントックの見事な観察力の一例であるだけでなく、染色体をさらに研究する上での協力な武器となった。

この発見はマクリントックを虜にした。「バカみたいに働いているのよ。遺伝学全体が抱える難問を解いて、結論を出せるなんて最高！ 朝早く起きて夜遅く寝るなんてなんてことないわ」と彼女は1940年、同僚へ宛てた手紙で興奮を書き記した。

マクリントックは、これらの観察結果をトウモロコシでのみ起こる染色体切断事象とはとらえず、より視点を広げて考えを進めた。そして、トウモロコシ研究に限らず生物全体の遺伝にとっても、より深い意味合

(写真) ミズーリ大学でスタッドラーと共に働いていた期間、マクリントックは最も重要な発見の基礎となる多くの研究を行った。(ミズーリ大学コロンビア校アーカイブ提供)

いを見つけ出した。彼女には擦り切れた末端同士がまるで互いを見つけ出して融合するように見え、彼女はこれら小さな構造体が実際に自己修復することを見抜いた。どうやってこれらの擦り切れた末端同士は互いを見つけ出すのだろう?　どうやってそれらの染色体が自己修復するすべを知っていたのだろう?　マクリントックは、細胞に本来、想定外の事態に対するこの種の応急処置の能力があることを知って、遺伝子がこれまで考えられていた以上の能力を持つ可能性に思い至ったのである。彼女は次のように書いている。「細胞は、核のなかに切断された染色体末端があることを知ることができ、そしてそれらの末端同士を引き寄せてつなぎあわせる機構を活性化する、という結論にどうしてもなってしまう。・・・切断された末端を知り、その末端を互いに引き寄せ、その後2本のDNA鎖が正しい方向に向くように融合させるということは、細胞が内部で進行しているあらゆる事象を知って対応していることを示している」

マクリントックは最終的にはBFBサイクルによって切断のメカニズムが解明されたと結論するのではあるが、この時点で彼女はまだそこまでの考えには至っていなかった。最終的に彼女は、安定した遺伝子が真珠のネックレスを思わせる形状で染色体上に並ぶという当たり前とされていた概念を否定する、新たな染色体像を打ち立てることになる。マクリントックはただちに遺伝的プロセスの各ステップについて総点検を始めた。細胞の内と外の両方から行きかうシグナル、常識とされていた解釈、そして既に処理済みの情報までも一から考え直した。この時点でマクリントックは少なくとも15年は時代に先行していた。

職を求めて

マクリントックは研究面では成果を上げていたにもかかわらず、1940年の夏には彼女の苛立ちと不安は深刻なものとなった。外部では評価されていたにもかかわらず、ミズーリ大学では准教授への昇進の辞令が出される気配もなかった。1939年、彼女は米国遺伝学会の副会長に選ばれた。彼女の能力が明らかに認められたのだ。翌年には会長になった。論文も立て続けに発表した。1937年と1939年の間に単独で5報の論文を発表し、さらに1941年にも単独著者としてさらに3報の論文を発表した。

マクリントックは昇進の話はもう来ないのではないかという、不吉な予感がした。准教授へ昇進すれば、通常は数年以内に教授の地位と終身地位が保証されるということになるのだが・・。

1930年代の丸10年間は厳しい時代であった。その10年間の始まりである1929年の株式市場暴落で引き起こされた世界大恐慌の間、ほとんど全ての人が苦しんだ。仕事がなく、経済的安定は得がたかった。また、1930年代の終盤から1940年代の初頭においては、戦争への不安が亡霊のように漂っていた。マクリントックはそれらに加えて、別の不当な問題にも直面していた。大学というのは女性に終身地位保証の名誉と安定をめったに与えないことで悪評高く、ミズーリ大学もその例外ではなかったのである。

マクリントックは、不景気な時代には純粋な研究職は往々にして真っ先に削減されることも分かっていた。教員は教育をし、授業料で大学を支える学生を勧誘する役目も担っていた。彼女は、人に教えることに物惜しみすることはなく、むしろ喜んで引き受けたが、気がかりは、自分の研究は大学に貢献していると見られるより攻撃の対象にもなりやすいということだった。

マクリントックとメアリー・ジェーン・ガスリーの間にも大きな衝突があった。彼女は、マクリントックが大学に来たとき既に教員であったが、それ以降に准教授の職に昇進した。マクリントックと同様に強い自我を持っていたガスリーは縄張り意識が強いために、邪魔だと思う人の人生をあからさまに攻撃することで有名だった。マクリントックはガスリーにとって明らかに邪魔者であった。

マクリントックには、5年たっても自分がまだ助教であるのに、後から来た人が自分より資質が劣っているにも関わらず准教授の地位に昇進しているという思いがあった。考えあぐねた末、彼女は「ここで私にどんなチャンスがあるのでしょうか？」と学部長に詰め寄った。マクリントックがケラーに語ったところによると、学部長は、「もしスタッドラーが居なくなればおそらく君は解雇されることになりますね」と答えたそうだ。マクリントックは「気難しく」、「問題児」との評判が立っていた。学部長と話をした時には既に怒り心頭で、おそらく強く反論したものと思われる。いずれにせよ、人間関係は長期間にわたって悪くなってきており、その上もともと彼女の身分はスタッドラーの好意によるものだったのだ。

スタッドラーは大学で非常に大きな力をもっていた。彼はミズーリ大学にロックフェラー財団から 80, 000 ドルの助成金をもたらし、有数の遺伝学センターをさらに発展させる陣頭指揮をとっていた。厳密に言うと彼は米国農務省のコロンビア試験場に所属していたが、大学と試験場の二つの機関は連携していた。そこで彼はマクリントックの名声と仕事の才能を見込んで助教にすることを決め、考え通りにしたのである。（マクリントックの給料は彼の助成金から出ていたので、むしろ簡単な事であったに違いない。）彼女はまた他の大学に教員の空きポストがでていることも、学部が邪魔をしたせいで自分には一度も話が届かなかったと推測したが、それは彼女の思い過ごしと思われる。（彼女に辞めてもらいたい人は、むしろ彼女に転勤を薦めたであろう。）

彼女は、当時を思い返して、ミズーリ大学が決して自分には向いていないことが分かっていたと言った。彼女は一度、週末に鍵を持たず研究室に来た時のことを思い出した。「人にどう思われるか」を全く考えもせずに、窓枠に昇り、窓を開け、滑り込んだ。学内で話題の的であった彼女の行為、人の目には「レディらしからぬ」その行為は、数人に目撃されていた。しかし、ブルックリンの道路でショートパンツをはいて野球をしていた子供だった（仕事中はパンツスタイルが常であった）女性にとっては、研究室の窓によじ登って入るのは、問題をクリアするための効果的で手っ取り早い解決策だったのだ。

マクリントックは、他の大学の方がその大学院生に適していると考えた場合には学校を変えた方が良いとの助言を与えたが、これがまた経営陣を苛立たせた。さらに、彼女はよく新学年の始まる時に大学に居なかったが、他の人には彼女がそれを気にも留めていないように見えた。というのも、彼女は博士研究員時代に自由に仕事をするというやり方を身に付けていたからであり、またカスの調査によれば、彼女が学科長から許可も得ていたからである。しかし人の目には彼女は自分勝手な人間に映っていた。

前進あるのみ

カスによると、1941 年にマクリントックは自分の決心をスタッドラーに伝えた。スタッドラーはその年の 10 月に彼女の旧友であるローズへ宛てた手紙の中でミズーリ大学がマクリントックに昇進の辞令を出そうとしているようであるとつづっている。大学は実際に辞令を出したのだが、昇給額はあまりにも少なすぎ、そして既に手遅れであった。彼女はその夏、ローズに会うためにニューヨークのコロンビア大学を訪れたが、その時彼は教授になっていた。ローズは、ニューヨーク州ロングアイランドのコールド・スプリング・ハーバーにあるワシントン・カーネギー協会の遺伝学部門で夏の間行われる研究のための彼の圃場を喜んでマクリントックと共有したいと言った。その 12 月には、ショウジョウバエの専門家でコールド・スプリング・ハーバーの所長代理であったミリスラフ・デメレクがマクリントックにカーネギー協会の遺伝学部門に臨時の職を用意した。この職の任期はその後すぐに延長され、コールド・スプリング・ハーバーは 1943 年 1 月に彼女の終の住処となったのである。

6.

コールド・スプリング・ハーバー：理想的な研究所

（1942–1992 年）

コールド・スプリング・ハーバー研究所はニューヨーク州ロングアイランドにあり、もともとは 1880 年に魚の孵化場としてブルックリン芸術科学研究所によって設立された。しかしその用途が見直され、1890 年までにはチャールズ・ダーウィンの進化論を検証するための生物学研究所となっていた。1904 年には更にワシントン・カーネギー協会の資金によって常設の研究室を複数有する実験進化学研究所が設立され、後に遺伝学部門と定められた。それはアメリカで最も古い遺伝学の研究センターの一つであった。その後すぐに他の研究室（コロンビアにあるモルガンの研究室も含む）が台頭すると「アメリカで最高の遺伝学研究所」という地位はかげってしまったが、それでもコールド・スプリング・ハーバー研究所の遺伝学分野への貢献は広く認められていた。

ローズとマクリントックが到着した 1940 年代、コールド・スプリング・ハーバー研究所の生物学関連の研究施設は、毎年夏になると各地から訪れる動物学者や海洋生物学者、遺伝学者そして植物学者たちで活気づき、集中合宿所のような様相を呈していた。全領域の生命科学者たちが、夏の間、さながら水場に群がる野生動物のように集まった。彼らは大学の研究室が夏休みに入ると、そこで研究活動をした。学び、発表や聴講をし、そして普段は静かな建物が超満員になる夏のセミナーに参加

（写真） マクリントックは1941年12月にコールド・スプリング・ハーバーにあるワシントン・カーネギー協会の遺伝学部門の研究員に赴任。写真は1950年代に撮影されたもの。そこは静かで平和な仕事場であり、人里離れた生物学研究のためのベースキャンプのような存在であった。

した。しかし冬になると、数名だけを残して、再び世界中に散って、それぞれの教育や研究に戻るのだった。マクリントックがコールド・スプリング・ハーバー研究所に到着した1941年の12月以降、彼女はそれからの人生を、講義や短期の仕事で別の場所に出かける以外はずっとそこで過ごした。大学生活や大きな研究所と比べると、研究にほとんど邪魔が入らない平和な場所であり、集中して生産的な研究を行うのに最適な場所だった。そこはマクリントックにとって公私において理想的な住処であった。

仕事を続ける

マクリントックは水辺に実験用の圃場を持っていた。そこに自分のトウモロコシを植えて異なる系統どうしを細心の注意をもって交配した。そしてミズーリで始めていた断片化した染色体についての研究を続けた。

1944年の春、マクリントックは、合衆国で最も権威ある科学組織、米国科学アカデミーのメンバーに選出された。女性としては3人目であり、しかも、41歳という異例の若さであった。その頃には、マクリントックは、科学者あるいは他の分野の男性の占める割合の高い専門職に就いて良い仕事をしたい、と思っている女性たちのロールモデルであることを意識しはじめていた。そして、こう振り返っている。「自分が役どころを演じる役者になったことを知ったのよ。そう、私は完全に自由だったのに、もう世の女性たちを失望させるわけにはいかないことに気づいてしまったの」。また、彼女は他の仕事に逃げることも許されないと悟った。彼女は、今までたどってきた道をそのまま進むしかなかった。

もう一つの大きな出来事がアカデミー会員に選出されたことから生じた。ビードルもまたその年にメンバーに選ばれた（マクリントックと同様、若くしてその名誉を得た）が、ビードルは同年、アカデミー会員に選出される前、マクリントックに手紙を送りカリフォルニア州パロ・アルトにあるスタンフォード大学の彼の研究室に来てほしいと打診していた。彼はアカパンカビについて研究していたが、染色体が小さいことか

（写真） マクリントックは「顕微鏡の魔術師」と呼ばれた。並外れて鋭い認知能力に加えて本質を見抜いた説明により、他を圧倒した。（マクリントック論文集、米国哲学協会提供）

ら彼とその同僚たちは細胞学的解析にとても苦労していた。そのような解析にマクリントックは秀でていたのである。マクリントックはケラーにその時のことを愉快そうに話した。彼女は喜んでその招待を受けた。10月、到着したマクリントックは皆が見守る中、顕微鏡を前に座った。みんなマクリントックのいつもの「魔術」に期待した。しかし、特にはっきりした理由もなく彼女は急に自信を失った。二日間顕微鏡の前に座ったが何の成果もなく、成功の確信がますます持てなくなった。「ひどいものだったわ。何かそれもきわめて重要な間違いをしているとは思ったけれど、それが何なのか見えなかったし、理解することもできなかったのよ。どうしたら良いか分からず途方に暮れてしまったわ」。彼女は立ち上がると外に出た。ユーカリの林へと続く道を歩き、ベンチに腰をおろして考え始めた。後に彼女は、そのパニック状態の時に涙が溢れてきたことを告白している。だがしばらくして、「とても集中した無意識下での思考」でふとある事を思いつき、「そして急に、大丈夫、すべて上手くいくと悟ったの」と言っている。彼女は研究室に戻ると、いつもの自信を取り戻していた。席をはずしてからわずか30分の出来事であった。その5日後にはパズルのピースは全てうまくはめ込まれ、さらにその2日後には成果の発表を行った。彼女はトウモロコシと同じように、アカパンカビの染色体数が7本であることを発見しただけではなく、減数分裂の過程でのそれぞれの染色体の様相を追跡することも行った。菌類における減数分裂過程を記述することにはまだ誰も成功していなかったので、これは大きな一歩であった。

後にビードルは同僚に「バーバラはスタンフォードにいた2ヶ月間で、他の全ての細胞遺伝学者がそれまでの全ての時間をかけて、あらゆるタイプの菌類で行った以上のことをやり遂げ、アカパンカビの細胞学を仕上げてしまった」と語った。

背の高いユーカリの木の下のベンチで考えた時間が鍵だったと彼女は信じた。彼女は時間をとって自分自身の軌道を修正したことで、観察、洞察、結論の段階を迅速に踏むことができたのだ。そうすることで、ス

(写真) かつてコーネル大学の博士研究員であり、将来のノーベル賞受賞者（1958）であるジョージ・ウェルズ・ビードル（1903-89）はマクリントックをスタンフォード大学に招いた。二人はアカパンカビの染色体の同定に成功した。（カリフォルニア工科大学提供）

ライドグラスを使って作業している間でさえも、一連のプロセスが映画のコマのように思い浮かんだ。まるで魔法のように聞こえるかもしれないが、ノーベル物理学者のリチャード・ファインマンもよく言っていた通り、腰をすえて「一心不乱に考える」ことは多くの才能豊かな科学者たちや創造的な思想家にとって、いろいろある方法の中でも最強の武器である。頭からつま先までどっぷりと考えに浸ることで幅広い知識と経験が生かされる。同時に研究手法のパラダイムシフトがしばしばもたら

分子生物学：強力なアプローチ

20世紀後半、素粒子物理学者と同じく、生命科学者は、生物の中でも最も小さく基本的な構造体の研究を始めることとなった。この目標達成のために新しい分野が誕生した。生化学と物理学が融合した分子生物学である。分子生物学の研究手法は強力で、生物学を分子レベルで研究するものであり、生体高分子として知られる巨大有機分子のレベルで生物の特徴やプロセスを明らかにするものである。メンデルが20世紀よりもずっと以前に庭で汗を流していた頃には想像もつかないことだった。1940年代から1960年代にかけて、分子レベルでの大きな発見とそこから得られた洞察をもとに遺伝学が大きく動きだした。

分子生物学による生物学の革命の兆しは、1869年に細胞核で核酸の存在を発見したフリードリッヒ・ミーシャー（1844–95）や、1880年代に染色体を発見したワルター・フレミング（1843–1905）に始まる。しかし、最初は誰も染色体と遺伝子との関連が分からなかった。当初は懐疑論も多かったが、モルガンが1907年に今やすっかり有名になったショウジョウバエを使った飼育実験をしてようやく、遺伝と目には見えないが強力な作用を持つ遺伝子の研究が発展しだした。1911年にはコロンビア大学の彼の研究チームは、染色体が遺伝因子を載せて運んでいることを示し、1916年にはブリッジズが染色体理論の証明に成功した。

1909年、レヴィーン（1869–1940）は初めて、リボースという名の糖を含む核酸を発見した。20年後、彼は別の糖であるデオキシリボースを含むもう一つの核酸も発見した。これらの発見によって、二種類の核酸の存在が確定した。つまり、リボ核酸（RNA）とデオキシリボ核酸（DNA）である。これらの複雑な物質の化学的性質がさらに科学者の興味を駆り立てた。

DNAが遺伝に関係しているとは誰も考えだにしなかった。染色体が遺伝に関与しているのは明白で、DNAは染色体内に存在していた。だが、同様にタンパク質も染色体に存在していた。少なくともカナダ出身のアメリカ人細菌学者オズワルド・アベリー（1877–1955）が生物の遺伝情報を運ぶ役割を担っているものはタンパク質でなくDNAであると証明するまでは、DNAよりはるかに複雑にみえるタンパク質が、いかにも遺伝情報を運ぶにふさわしいとされていた。1940年代初頭の研究で、アベリーとロックフェラー研究所の同僚マクリン・マックカーティー（1911–2005）とコリン・マクラウド（1909–72）は、生命体は2種類の化学物質を用いて、1種類には情報を蓄え、もう1種類はその情報に基づいて生命体を複製するという流れを確認した。全ての実験結果が、DNA が生命の設計図であり、酵素はその指示どおりに働いていること、そしてその設計図はほぼ正確に複製されて次世代に伝えられるという事実を示すものだった。

1940 年代初期、マクリントックの良き友人であるビードルと彼の同僚エドワード・L・テータム（1909–75）は、酵素（生化学的な反応の速度を制御するタンパク質）の研究中に、遺伝子に突然変異が起きると酵素にも欠陥が生じることを発見した。これが「一遺伝子一酵素説」（それぞれの遺伝子がそれぞれの化学反応に対応する酵素の構造を決めるという考え方）の誕生である。彼らは遺伝子が全ての生化学的過程を制御していると結論付けた。

パズルの主要なピースである DNA の構造は未解明のままであったが、この時点で、分子生物学が遺伝学者の道具として大きな可能性を秘めていることはすでに証明されていたのである。

されるのである。マクリントックが光学顕微鏡による観察で直面した困難を乗り越えることができた理由はここにある。知識、経験、そして適切な新しい観点を統合した結果として、彼女はその新しいアプローチが正しいと確信を持てたのである。

動く遺伝子

1944 年に入り、マクリントックは、後に最もよく知られることになる研究に取り掛かった。環状染色体や BFB サイクルを含む染色体の切断に関する研究がその始まりだった。自分の新しい理論に取り組むにあたって、ことがスムーズに運ばないことは覚悟していた。だが、きちんとした証拠が得られれば、結果をうまく説明出来るだろうと直感していた。彼女はその後 2 年間、追求している考え方が正しいのか正しくないのか分からない宙ぶらりんな状態にあったが、あきらめはしなかった。

この時期にマクリントックはウィトキンと知り合った。ウィトキンはコールド・スプリング・ハーバー研究所から奨学金を得て細菌遺伝学を専攻する大学院生で、同じ建物内で研究し、マクリントックのもとに毎

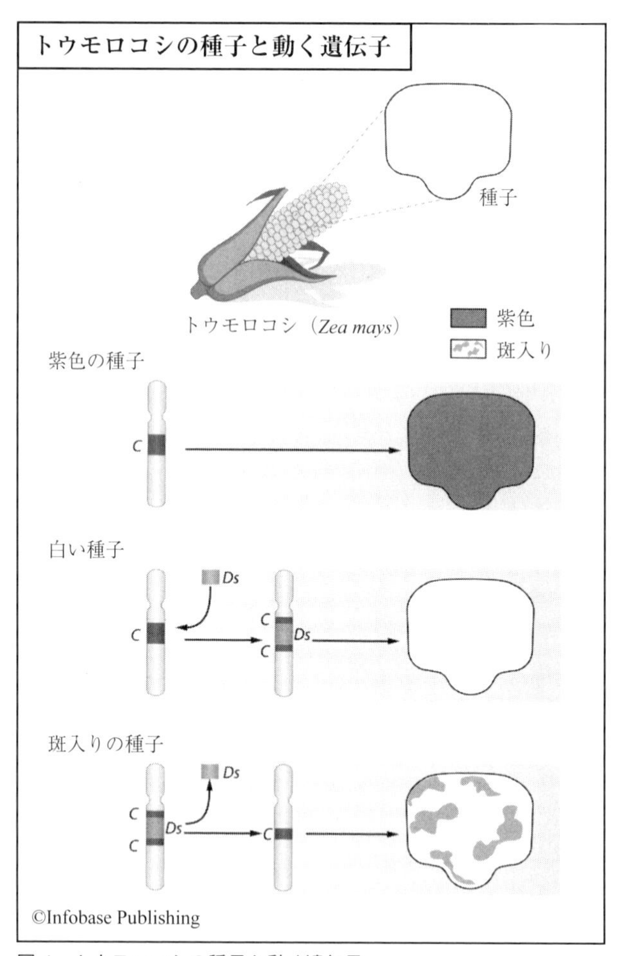

図４　トウモロコシの種子と動く遺伝子
マクリントックが初めて動く遺伝子を発見した時、他の科学者達は、遺伝子がこのように動き回るという説に懐疑的であり、それらの遺伝子が制御機能を持つなどとは信じなかったが、最終的に裏付けとなる証拠が発見された。それ以降、今や転移性遺伝因子として知られる動く遺伝子は、細菌やヒトを含む多くの生物で発見されてきた。

日立ち寄った。マクリントックが自分の研究の進捗状況を逐一語って聞かせるうちに2人の間には師弟関係が築かれた。ケラーによるとマクリントックは、いくぶん推測で進めている感は否めないものの自分には自信があるとウィトキンに語ったそうだ。「行く手に障害があるとは一度として考えたことはありませんよ。答えを知っていることより、未知のものに立ち向かえることの方が楽しかったわ。そんな喜びが感じられる時は間違った実験をしていないということなのよ。スライドの上の材料が自ら次はああしなさい、こうしなさい。と語ってくれるの。頭の中で変異体種子の全く新しい色やパターンが統合できると、次にどのような交配実験をすればよいのか、実験材料がステップごとに教えてくれるのよ。古いパターンにはこだわらず、新しいパターンが現れることを確信して、やること全てをそれに集中させるのよ。行き着く先は一つなのでそうするしかないのよ。簡単でしょ」

神がかった言葉だが、彼女は純粋な科学者であり、カップに残ったお茶の模様で将来を占うようなことはしなかった。優れた仕事をしてきた科学者の全てが持つある種の直感が彼女にもあった。長年にわたるち密な観察でその色や模様のパターンを読み取って、数百の観察結果を統合することができたのだ。それは信じがたいほどの技量に裏打ちされた直感だった。

彼女の提案したメカニズムは複雑な制御プロセスであり、その当時提案されていたどのようなものとも違っていた。彼女は、ある一つの遺伝子がかかわる制御機構によって、染色体の切断も分離も再結合も引き起こされることに気づいた。それは全く体系的であり、観察可能であり、そして予測可能であった。いつも通りトウモロコシの種子の色と模様のパターンの変化を観察して、それを追及していた染色体構造の変化と結びつけることで、彼女はその結論に行き着いたのであった。

彼女が交配したトウモロコシの種子の中に、大小様々の違った色の斑点（斑入り模様）があることに気づいたことがきっかけであった。彼女は、種子に現れた様々な斑入り模様は、彼女が「易変遺伝子」と名付け

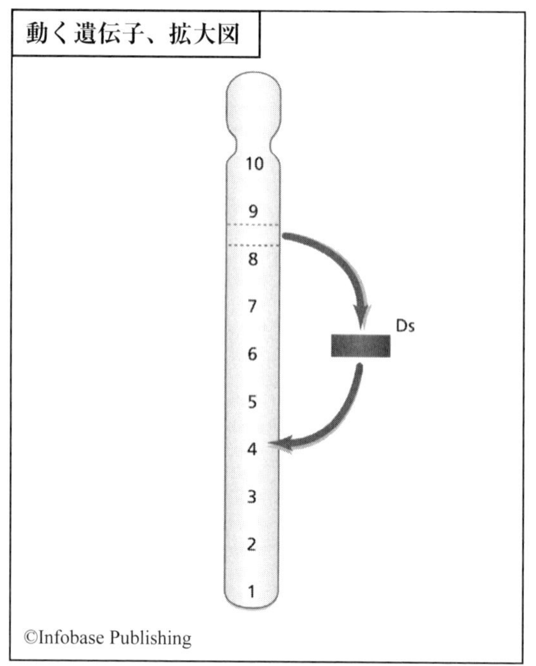

図５　動く遺伝子、拡大図
マクリントックはいくつかの遺伝物質が転移するだけでなく、他の遺伝子をオン／オフする調節要素、つまり、スイッチとしての機能を果たすことを発見した。この図はマクリントックがDsと呼んだ調節因子が２つの遺伝子（8と9）間の場所から遺伝子4の近くの場所に飛び移ることを表す。それが起こると、遺伝子4はオフとなる。つまり遺伝子4に関係するタンパク質の生産が一時的に止まる。Dsが再度転移して場所を変えると、遺伝子4のスイッチはオンに戻り、タンパク質の合成が再開する。

た遺伝子によって作られると考えた。易変遺伝子とは機能が一度失われたように見えても、その後再び回復する遺伝子のことである。彼女はどのようにしてそうなるのか不思議でならなかった。他の全てのプロジェクトを止め、マクリントックはこの遺伝子に何が起こっているのかを突き止めることだけに集中した。彼女の問いに対する答えはそう簡単には得られなかった。彼女は、染色体の一部が切り離されて同じ染色体の他の部分に組み込まれていることを立証するという、最初のステップを完了するまでに2年を要した。彼女が証明したこの機能は一つの遺伝子の効果であり、その遺伝子は同一染色体上の少し離れた場所にある別の遺伝子により活性化されていた。その制御遺伝子を彼女は活性化因子（Ac）と呼んだ。ゲノムのある部分が他の部分を制御しているとの説はかなり衝撃的であった。ただし1946年の時点でも、ある遺伝子が他の一つもしくは複数の遺伝子を制御できるという考えはやや革命的だったが、全く予想外ということでもなかった。

次に、マクリントックは活性化遺伝子によって引き起こされる「解離」という現象について数年間研究した。1948年には、彼女は小型の解離因子Dsが活性化因子Acの巧妙な働きによって、染色体上の別の場所へ移動していることを示すことができた。彼女はこの完全に制御された事象を「転移」と名付けた。

さらに実験と慎重な考察を重ねた結果、一年も経たない1949年には、彼女はこの一連のプロセスが、どのようにして植物体上で目に見える形、例えば交配によって種子にあらわれる様々な模様となって反映されるのかをつかんでいた。彼女はまた、このプログラムされた過程が個々の植物にいかに大きい影響を与えうるかということも理解した。最終的に、彼女には赤と黄色の種子の不規則な模様が、のちに転移因子もしくは「動く遺伝子」と呼ばれる因子によって制御されていることが見えてきた。（マクリントックは分子遺伝学の論文で用いられている「トランスポゾン」という用語を使わなかった。その代わり、彼女はそれらの遺伝子を今は使われていない「調節要素」という用語で呼んだ。）

7.

証拠の提示

(1951-1956年)

畑でトウモロコシの世話をしたり、研究室で顕微鏡をのぞき込んでいる時が一番気が休まったのではあるが、マクリントックも人前でしゃべることに不慣れということでもなかった。1951年には彼女は49歳で、数々の講演をこなす、国際的に名の通った細胞遺伝学者になっていた。しかし、1951年のコールド・スプリング・ハーバー研究所のシンポジウムでは、怖れに似た不安な気持ちをいだいて同じ分野の研究者を前に講演したと、伝記作家イブリン・フォックス・ケラーに随分後になって話している。マクリントックは自分の複雑な研究成果を議論するのに持ち時間の60分間では足りないことが分かっていた。中には自分の研究方法が時代遅れで古くさいと思う研究者がいることも知っていた。自分は頭がおかしいとさえ思われるかも知れないとも予想していた。発表の間じゅう、こうした思いでマクリントックの心の奥はずっとざわついていた。

事態は質疑応答に入った時に起きた。彼女の講演に誰も質問しないという暗黙の了解があったかのように会場全体がしーんと静まり返ったのである。すぐにマクリントックはこの反応が自分の講演に対する聴衆の拒絶反応であると理解した。しかし、その真相は誰にもつかめていない。それは、誰かが「シッ」という声を部屋中に響き渡らせたかのよう

(写真) 1951年のコールド・スプリング・ハーバー・シンポジウムの写真では、マクリントックは上機嫌で自信に満ちあふれているように見える。しかし、後に彼女はこの学会を人生の汚点として思い出した。しかし、そこまで否定的な反応を返されたわけではなかったと伝記作家コンフォートは述べている。

な、ケラーが言う「冷たい静けさ」だったのだろうか? むしろ彼女に敬意を示すための静けさと捉えた出席者もいたそうだが、果たしてそうだったのだろうか? 写真に写った姿には落ち込んだり、緊張しているような様子は全くなく、他の研究者と活発に意見交換している姿が残されている。クレイトンやウィトキンらの応援があったおかげで、マクリントックは笑いを交えながら談義することができた。確かに他からの拒否反応にくよくよしたり落ち込んだりしている姿は誰にも見せなかった。

それでも後々その時の事を思い出すと、後に続く不遇の時代が彼女の脳裏を横切るのであった。間違いなく、それはマクリントックと多くの植物学者や分子生物学者の間の長いわだかまりの日々の始まりであった。また力になってくれていた同僚たちですら好意を示さなくなり、彼女を軽く見るようになったことに心を痛める日々の始まりでもあった。聴衆の大多数は強烈な拒絶反応を示し、他は理解できないまま耳をふさいでしまった、とその時のことをマクリントックは語っている。

一方、質問すら出なかったという噂がその場にいなかった研究者たちにも広まった時、モルガンの研究グループ出身で権威ある遺伝学者のスターバンは断言した。「彼女の話はひとことも理解できなかった。けれども、彼女がそう言うなら、そうなっているんだ」。本当に言ったかどうかは定かではないが、それでも、冷ややかな反応を受けて傷ついたマクリントックの心を救う話である。スターバンの言葉は、マクリントックの研究がいかに複雑なものであるかということ、そして彼女こそ学問的な尊敬に値するということを証明したものであった。いろいろな理由から同分野の研究者でさえ、遺伝子が動くという彼女の考えは極端だと見ていた。彼らはマクリントックのデータ自体を疑うことはなかったけれど、彼女がデータをあまりにも一般化したり、研究結果の意味を深読みし過ぎている、つまり植物に限られた話を拡大解釈して生物全体の普遍的なものとしていると考えたのである。

冷たい視線

コンフォートは著書、“The Tangled Field: Barbara MacClintok's Search for the Pattern of Genetic Control”の中で、研究結果には納得するが、データの解釈は受け入れなかった同僚たちについて述べている。そして、マクリントックはいくら講演に招待されても、その分野の研究者が自分の見解に意味があると認めないのであれば、招待には応じなかったであろうとコメントした。この本について、アメリカン・サイエンティスト誌の中で科学史家のケールンは「伝記としては不十分である」と評したが、同時に、調節因子という新しい概念を使って発生を説明しようとするマクリントックの大いなる意欲と同じように、「マクリントックの動く遺伝子の発見にまつわる決定版」とも賞賛した。

マクリントックは、同僚たちが真珠のネックレスの真珠と同じように遺伝子も染色体上を動かずに常に同じ場所に並んで繋がっている、という考えに捕われ過ぎだと主張した。トウモロコシの遺伝子が他の生物と異なって動くという機能をもつのであれば、トウモロコシの遺伝子の成り立ちもトウモロコシに特有のものでなければならないというのが彼らの主張だった。その根拠は遺伝子は動かないという先入観に他ならない。

マクリントックの議論は難解で、だれもついて行けなかった。トウモロコシの遺伝に特有の複雑さもさることながら、彼女が書いた文章も実に難解であった。"Classic Papers in Genetics" の序文の中で、編集者のピーターズはマクリントックとクレイトンとの共著論文を紹介したが、以下の注釈が必要と考えて書き加えている。

「これは容易に読んで理解できる論文ではない。なぜなら、解析全体にわたって前もって頭の中に入れておくべき事柄が多数あり、そのどれかを見失うと理解できなくなるからである。ただ、この論文の全容が理解できれば生物学で未解決の課題のほとんどが解決できるものであるという気にさせてくれる」

1950年代になる頃には、一握りの研究者を残し、遺伝学者たちはトウモロコシから離れてしまっていた。多くの遺伝学者たちはバクテリアかバクテリオファージ（ファージともよばれる）、すなわち、バクテリアに感染し宿主細胞に自らのDNAを注入するウィルスを使って研究をしていた。この小さな生物は研究材料としてもてはやされていた。単純で、研究しやすく、一日のうちに数世代を経るという信じられない増殖速度を持っていたからである。分子遺伝学の時代の幕開けであった。バクテリアやバクテリオファージの研究者のほとんどが、ゆっくりと育つ上に複雑なトウモロコシやその他の大きくて扱いにくい生物を敬遠した。分子生物学が生物学の主流となっていった。1953年のワトソンとクリックによるDNAの分子構造の解明はおびただしい数の新発見を爆発的にもたらした。珍しくもなく一見地味なトウモロコシの制御因子の働きについての発見は、この興奮の渦の前に、影の薄いものになろうと

DNAの二重らせん構造（1953年）

アメリカ人生化学者ジェームズ・D・ワトソンは神童と呼ばれていた。12歳の時にラジオ番組「クイズ・キッズ」に出演し、15歳の時にはシカゴ大学に入学した。四年後には哲学と科学の二つの分野での学士号を取得した。彼はすばしこくて、頭が切れ、生意気だった。そしていつも自分が「科学の分野で有名」になるチャンスを狙っていた。大学院生時代にはワトソンはインディアナ大学でルリア教授、デルブリュック教授そして遺伝学者のマラー教授のもとで学んだ。（マラーはショウジョウバエにX線照射し、遺伝学上の競争相手であるトウモロコシを「出し抜く」研究をしていた。クレイトンとマクリントックの1931年の論文ではモルガンがトウモロコシがショウジョウバエを出し抜くように勧めていた訳だが）博士課程修了後、奨学金でコペンハーゲンを訪れた時、ロンドンのキングス・カレッジでDNAのX線結晶学を研究している生物物理学者モーリス・ウィルキンスに出会う。ワトソンはDNAのような生体物質に化学や物理では普通の分析法を適用するという考えに興味があった。その数日後、ワトソンは、生化学者のポーリングがタンパク質の構造がスプリングノートの背にあるバネのようにコイル状のらせん構造をとることを発見したことを知った。革新的な解析技術と似かよった分子の構造モデル、この二つのコンセプトがあればDNAの構造解析の取っ掛かりになるかもしれないと、ワトソンは考えた。彼は「生命の設計者」とよばれているDNA分子が各細胞に遺伝情報を提供し、なおかつ生物のあらゆる性質を支配していると知っていたのである。DNAの構造は根本的な謎であった。そして、科学者たちは遺伝現象がどのように起こっているのかを理解するために、こぞってそのカギを見つけ出そうとしていた。

（写真） ワトソンとクリックはケンブリッジ大学でチームを組んでDNA構造の発見をめざしていた。これはX線回折学の専門家ロザリンド・フランクリンや同僚のウィルキンスなくしてはなし得ない成功であった。

そこでワトソンはDNAについてもっと学ぶために行先をロンドンからケンブリッジへと変えた。そこでイギリス人生物物理学者フランシス・クリックに会うこととなった。12歳年上のクリックは物理学と化学の知識がありX線結晶学を使ってヘモグロビンの解析をした経験もあった。彼らはすぐに意気投合し、二人の話はつきることが無かった。それが偉大なる共同研究の始まりであった。

1953年、2人はDNA構造の解明に成功した。これにはイギリス人生物物理学者のウィルキンスやイギリス人物理化学者フランクリンによって撮影されたDNA分子のX線回析像が不可欠であった。そしてその回折像は、競合関係にあったにもかかわらず、ウィルキンスがフランクリンに無断でワトソンとワトソンに提供したものであった。ワトソンとクリックのモデルはDNA分子の構造を二重らせんとしており、2本の線が平行にとなり合い、あいだははしごの横棒によってつながれている。まるでらせん階段が果てしなく続いているかのようなものだった。らせん階段の手すりは糖リン酸であると推測し、その階段は四つの塩基、シトシン、グアニン、アデニン、チミンから出来ており、それらは二つが組になって配置され、水素結合によって結ばれているというものであった。これは極めて重要な発見であった。

(写真) フランクリン (1920-1958) は1951年から1953年にかけて、DNA構造の解明にあと1歩のところだったが、彼女のX線回折像がワトソンとクリックに流れて、出しぬかれてしまった。彼女は不運なことに、ノーベル賞受賞者が発表される前に亡くなった。

1962年、ワトソン、クリック、ウィルキンスはDNA分子構造を世界に先駆けて解明したことによりノーベル賞を受賞した。(フランクリンは卵巣がんで1958年に早すぎる死を迎えた。ノーベル賞は生きている候補者だけに与えられるため彼女は候補者にはなれなかったのである。もし彼女が生きながらえていたら1962年のノーベル賞をともに受賞したのであろうか。神のみぞ知ることだ)

この画期的なDNA分子構造の発見により、遺伝を理解するための鍵をにぎる分子生物学が大きく認められることとなった。一方で細胞遺伝学は多くの遺伝学者たち、特に若い遺伝学者たちから時代遅れの研究と考えられ敬遠されるようになった。

していた。

1953年、マクリントックはコールド・スプリング・ハーバー・シンポジウムでもう1回発表を行い、1956年に3回目の発表を行ったが、どちらの場合も聴衆の関心を得ることはなかった。

持続と悟り：研究への復帰

失望は大きかった。彼女は細心の注意を払って観察し、実験は厳密を期していた。彼女は常に完璧な実験方法を組み立て、綿密なデータに基づいて交配実験を計画した。彼女はトウモロコシの系統を丁寧に分類し保管したが、この挑戦的な研究には全ての面において厳密さが必要であることを知っていたからである。「私に間違いがあるはずがないと信じていた」と、かつて友人である生物学者のハワード・グリーンに話したことがある。自分の完璧な技術と実験計画に抜かりがないことには定評があることもわかっていた。ごまかしがなく、注意を怠ることもないと同僚たちの信頼を得ていることもわかっていた。彼女は結論に至るまでの思考過程にも自信があり、トウモロコシ関連の多くの学術雑誌の中で彼女の研究は数多く引用されていた。けれども、ビードルを含む彼女の同僚たちは彼女とは別の道を歩み始め、彼女の研究が理解できなくなっていたために、分子生物学分野の学術雑誌では彼女の論文はほとんど引用されなかった。当然のことではあるが、誰でも前向きな応援を受けてこそ元気に成長するものである。であれば、それが無いのは苦痛であり、意気消沈するものである。彼女には仲間の研究者がなぜこうした態度を取るのか、その理由が理解できなかったため受け入れることはいっそう難しかった。

ただこうした喪失感の中であっても、マクリントックは必要なものは全て持っていた。彼女には以前と変わらず研究があった。そして続けるもよし、ひらめきにまかせて別のやり方をするのもよしの自由もあった。コールド・スプリング・ハーバー研究所の職と研究室、そしてトウモロコシ畑もあった。カーネギー研究所の支援も揺るぎないものであった。ないものと言えば、講義の義務、種々の雑用、そして研究計画に対する口出しであった。マクリントックはいつも自分が携わってきた研究が上手く行くことを願っていた。そして想定外の事態をも受け入れる準備ができており、時にはそれがうまく行って新しい結果が得られることもあった。1941 年から 1967 年まで、コールド・スプリング・ハーバーにあるカーネギー研究所・遺伝学部門の研究員であったが、そこで何かを要求されることは一切なかった。その後、1992 年までの残りの人生は栄誉会員として過ごした。彼女はカーネギー研究所とコールド・スプリング・ハーバー研究所から受けた支援に、いつも心から感謝していた。マクリントックがかねがね口にしていた事は、「ほかの職場だったら私のしていた研究で、間違いなく首になっていたでしょうね。だって、私を受け入れてくれる人なんていなかったでしょうから」

研究に明け暮れた日々の中で、物事のしくみを解くという楽しみがあれば、彼女は自分のことも悲しい出来事も忘れることができた。"In Memorial Barbara MacClintock" というエッセイで、グリーンは次のように述べている。「バーバラは生活や仕事のペースを心の乱れでくずしたりはしなかった。これは真摯な心がけがあればこそのものである。科学における彼女の成果は、ものごとのありのままの姿に対する敬意によるものであった。そこに何かを見出したいという個人的な欲望はかけらもなかった」

南アメリカでの滞在：トウモロコシの起源を探して

この頃、マクリントックは中南米で栽培化された穀物であるトウモロコシの進化の道すじをたどり、最終的にはその起源を探る研究に携わることになった。1979 年の南米滞在は「冒険」として彼女の記憶に残った。滞在を振り返るたびに、マクリントックの頭にはハリウッド映画さながらのシーンがよみがえった。1957 年の初頭、トウモロコシ遺伝学者であるマンゲルスドルフが研究室に訪ねて来た。その後駅まで送ってもらった彼は、立ち去る間際に何の前置きもなく、ペルーに来て彼女の芸術ともいえる高度な細胞学の技術をペルーの技術者に数週間指導してくれないだろうかと申し出た。細胞が分裂する一瞬をとらえるスライド作製技術の素晴らしさで知られていたマクリントックはその仕事にうってつけであった。彼女は何のちゅうちょもなく承諾した。

この出会いの後、ほどなくしてマクリントックは「トウモロコシの系統」プロジェクトへ加わることを正式に要請された。このプロジェクトの目的は野生種の発見がまだされていなかったトウモロコシの起源を探ることであった。また、トウモロコシ優良系統保存委員会により方針が決められ、米国科学アカデミーと米国研究協議会の後援をうけ、ロックフェラー財団から多額の資金提供を受けていた。

一見この手の研究はマクリントックの興味からはかけ離れているように見える。だが、彼女は、細胞遺伝学的な解析に加えて、中南米各地に分布する野生種を現在のトウモロコシと比較することでそのルーツを明らかにできると考えた。ペルーでの仕事はトウモロコシの進化に関するマクリントックの興味とピッタリ結びついたのである。1957年の冬、

(写真) マクリントックは主たる研究のほかにも、1957年から1981年までトウモロコシの起源をたどるロックフェラー財団の活動に携わった。中南米各地で研究をしている現地技術者や研究者達に実験手法を教えた。この写真は1963年4月、コールド・スプリング・ハーバー研究所で実験中のマクリントックである。

約6週間にわたりペルーのラ・モリーナとリマに滞在した。そしてその後20年にわたって年に2、3週間、中南米の様々な国で細胞学の実験法を現地研究者に伝授した。1962年から1964年まではノース・カロライナ州ローリーにあるノース・カロライナ州立大学でロックフェラー財団が出資する同様のプロジェクトに参加した。

8.

再評価と真価が認められるまで

1950年代初頭、パリのパスツール研究所のフランス人生物学者フランシス・ジャコブとフランス人生化学者ジャック・ルシアン・モノーは、マクリントックが見つけた遺伝子の制御システムとよく似たシステムを細菌でも発見した。オペロンとよばれたこのシステムは「レギュレーター」と「オペレーター」からなっている。1960年にマクリントックはそのシステムと自分のシステムとの類似点を書き出した比較表を作り上げたが、関心を示す人はほとんどいなかった。彼女は2人に自分の論文を送った。しかし2人にとって転機となる1961年のオペロンシステムの重要な論文の中でも、マクリントックの研究に触れることはなかった。だが翌年の夏、毎年開催されるコールド・スプリング・ハーバー研究所のシンポジウムに参加したジャコブとモノーは、自分たちの誤りを訂正して次のように述べた。

「細菌でレギュレーターとオペレーター遺伝子が発見されるよりはるか以前に、マクリントックは一分の隙もない徹底した研究により、トウモロコシにおいて、2種類の遺伝的「制御因子」の存在を明らかにしていた。この2つの因子の関係はレギュレーターとオペレーターの互いの関係にきわめて類似している・・・」

学会という公式な場でのこの発言が引き金となり、マクリントックの遺伝学分野における発見は、トウモロコシに限った現象ではなく、はるかに普遍的なものとして認められ始めた。ジャコブとモノーは1965年にパスツール研究所フランス人微生物学者アンドレ・ミシェル・ルウォッフとともにノーベル医学生理学賞を受賞した。

受賞が続く1960年代と1970年代

1960年代と1970年代を通じてマクリントックの科学における偉業を讃えて多くの賞が贈られ始めた。しかし、それは「動く遺伝子」の発見以外のことで評価されたのである。彼女の才能は認められたが、彼女自身はこれらの栄誉を素直に喜べなかった。なぜならまず、マクリントックは人前に出たり、注目の的になることを好まなかったからである。そして自分の最大の貢献は動く遺伝子の発見であると信じていたからだった。

1959年、マクリントックは全米芸術科学アカデミー会員に選ばれた。そして、1967年、全米科学アカデミーからキンバー勲章を受けた。1970年、アメリカの科学分野での権威ある科学栄誉賞を受けた最初の女性となった。1973年、コールド・スプリング・ハーバー研究所は「マクリントック研究棟」を開設した。そして1981年は輝かしい年となった。医学部門でのウルフ賞、「天才の賞」として知られるマッカーサー賞、アルバート・ラスカー基礎生物学賞、そして、ローズとともにトーマス・ハント・モルガン勲章を受賞した。

ウルフ賞の医学部門で、スタンリー・コーエンと共に受賞したと聞いた旧友ビードルからの手紙にはこう書かれていた。「おめでとう。ただ事情を知っている人はみんなもっと早くに受賞すべきだったと思っているはずだよ。実はね、私もこの重要な研究についても初めのうちはどうかなと思っていたんだよ」続けて、「それももう済んだ話だけれど」。しかし、マクリントックが最高の権威ある賞に輝くのはまだこれから後のことであった。

ノーベル賞

1983年10月10日のことだった。早朝、マクリントックはアパートでラジオを聞いていた。ノーベル賞受賞者はほとんどが、そのすばらしい受賞を真夜中の電話で知らされるのである。時差のあるスウェーデンのストックホルムからかかってくるため、アメリカではよくある話だ。しかし、アパートに電話すらない質素な生活をしていたマクリントックはラジオのニュース番組でノーベル賞委員会の決定を初めて聞くこととなった。「あらいやだ」とつぶやいたのが彼女の最初の反応だった。間違いなく、これにより実験の時間を取られれてしまうことや、関心が研究ではなく自分のプライバシーに向けられる事を憂えたのだった。少女の頃から、科学者になっても、そして人生の最後の時まで、他人に振り回されるなんてまっぴらだった。ノーベル賞を受賞すると日々の生活は祝賀会や式典で目白押しとなりがちである。受賞者はスウェーデンに出かけたり、講演をしたり、晩餐会に出席したりするのであるが、これらのことはマクリントックにとっては不毛以外の何物でもなかった。

81歳になってもマクリントックの一日はコールド・スプリング・ハーバーを元気よく歩くことから始まった。服装はあくまで実用的で、ジーンズ、フリルなしのシャツ、そして丈夫なウォーキングシューズといういでたちだった。ウォーキングコースは森の散策かサンド・スピットへと続くバンタン・ロードの往復であった。道すがら立ち止まっては道沿いに茂っている植物を観察したり、茂みの中に足を踏み入れることもあった。友だちや学生が一緒に来ようものなら、マクリントックは通ってきた場所の植物相について講義をし始めかねなかった。研究は彼女の人生そのものであった。花や葉における規則性を見いだすとそれを作り出す遺伝子とその働きについて考えずにはいられなかった。植物に見られる多様性や規則性を先ずは頭に浮かんだ大きな網でとらえ、それを理論化していった。そしてどうしてそうなのかを語ることを好んだ。遺伝、発生、進化は一つの方程式のそれぞれの変数として解かれるものだと常々考えていた。彼女は歩きながら自分の研究を別の角度から見てみることもあった。歩いている最中にクルミを拾うこともあったが、ノーベル賞受賞の知らせを受けたその朝にもクルミが彼女の手の中にあった。

マクリントックにとっては、この日もいつもの朝であったし、普段の生活を変える理由もなかった。評価され励まされることが一番重要な時期に、実際には学界は無理解であった。相手にされず冷たい視線を向けられたとさえ彼女は感じていたのである。こうした時期をやり過ごすために彼女がとった方法は自分の研究に専念し、殻を閉じてしまうことであった。そんな彼女にはどんな称賛も嬉しくなかった。彼女の死後に友人のグリーンはこう書き残している。「バーバラは学術の世界で抜きんでて評価され、惜しみない賞賛が与えられた。しかし彼女には耐えがたいことであった。賞賛を受け入れざるを得ないと感じていただけだった。彼女が体験したのは喜びでも満足でもなく、まさに災難であった。研究を理解し、正しく認識してもらう事と、人前に出たり式典に出席することとは全く別物であった」。「極度の引っ込み思案」、「きまじめな研究者」というのがメディアでの評判であったものの、本当の彼女は明るく、いつもユーモアのセンスにあふれていた。もし人生のもっと早い時期に信じてもらい励まされていれば、彼女の才能はどんなに開花していたことか。ただ現実はそうではなかったのである。

だが、最後には心の準備を整えた。何を期待されているかが分かったのである。「あやうく失敗するところでした。自分を奮い立たせ、期待に答えていくことがどれもみな大切なことと考え、どうすべきかということも知らなければならないと分かりました」。そして自分ができることは何でもしたいと研究所の事務長に申し出、新聞発表や記者会見を自分の務めとして行った。和やかな明るい雰囲気の中で記者会見は行われた。「疑問を解くためにトウモロコシ相手に何年も問い続け、そして答えを待って、楽しい時間を過ごしただけの人間にこんなに良くしてくれるなんておかしいじゃない」とコメントした。

会見ではマクリントックは丸イスに座り、アイロンをかけたジーンズに、テーラードシャツのいつものいでたちであった。日焼けし、しわの多い顔は曇りの無いひとみによって輝き、短く切りそろえた茶色の髪は白髪頭になっていた。ノーベル賞の賞金が19万ドルであると告げられるとびっくりして、目を丸くする彼女に会場は思わず笑いの渦に包まれた。彼女は小声で「あら、そんなに」と言った。記者会見も終わりの頃、彼女はワシントンのカーネギー研究所に対して、仲間内でも長らく不評であった動く遺伝子を研究する自由を与えてくれたことへの感謝の意を述べた。「カーネギー財団は一度たりとも私にこの研究をしてはいけないとは言いませんでした。私が論文を発表しない時でも、一度たりともそのことを非難しなかったのです」

(写真) 1983年10月、マクリントックはその年、ノーベル医学・生理学賞受賞を単独で受賞した。

どうしてもっと早くに受賞しなかった？

マクリントックがノーベル賞を受賞した時、コールド・スプリング・ハーバー研究所のジェームス・D・ワトソンは所長としての立場で、「だれもこの受賞にとやかく言えません。今やだれも彼女の研究抜きに遺伝学を考える事はできません」との談話を発表した。これは妙に言外の意味を含むコメントであった。それというのも、ノーベル賞委員会は選考結果に対してしばしば厳しい批判をうけていた。その上ワトソンはマクリントックが1951年のシンポジウムで発表して以来、彼女の研究に疑義を唱える人が必ずいたことをよく知っていたからである。

しかし今日では、一番よく尋ねられる質問が「なぜ受賞できたのか」から、「なぜそんなに時間がかかったのか」に変わった。ワトソン自身や共同研究者のクリックは、1953年のDNA分子構造発見から9年後の1962年にノーベル賞を受賞している。動く遺伝因子に関するマクリントックの研究は1944年までさかのぼり、1983年にノーベル賞を受賞した。つまり40年近くを要したのである。科学者は、「科学はたとえ間違ってもそのうち自ら軌道修正をするものであり、それには時間が必要だ」と好んで言うが、マクリントックの場合、発見の重要性が知られるようになるまで時間がかかりすぎたことはだれもが認めるところである。

こうした事実を取り上げてこの違いを女性差別のせいにしてしまう人もいる。先にも述べたがマクリントックが時に「女性科学者蔑視」とよんだもので苦労したのは事実である。ただ当時遺伝学上の新発見が相つぎ、その重要性を理解するのに追われて、手一杯であったと見る方がより真実に近いだろう。ワトソンとクリックがDNAの構造を見抜き、1968年にはニーレンバーグとホリーそしてコラーナらの3人が遺伝暗号を解読した。これら2つの発見はひときわ重要であった。一つのヌクレオチドで起きた変化は突然変異としてそのまま遺伝していくと考えられるからである。

1940年代から50年代にかけての科学水準はマクリントックの「動く遺伝因子」を受け入れられるほど高くはなかったのである。マクリントックの見解は当時一般的であった遺伝子はネックレスの真珠のように染色体上で糸に通されて固定されているという見解に真っ向から対立するものであった。加えて、材料としたトウモロコシは一般の科学者にはなじみが薄かった。さらに、動く遺伝子は普遍的な存在なのか、それともトウモロコシのような複雑な生物に限定されたものかも不明であった。ところが、別の研究者たちが細菌や昆虫にも「動く遺伝子（トランスポゾン）」を発見し、さらに「動く遺伝子」が成長制御遺伝子に転移するとがんを引き起こすことが見つけられた。するとノーベル賞委員会はマクリントックの単独受賞という方針に迷いはなくなり、すぐに実行した。こうした状況をある記者は「世界はようやく『バーブ・マクリントック』に追いつこうとしている」と述べたのである。

「評価されるまでに長い時間がかかりましたが、大変でしたか？」これが、記者団が特に答えを聞きたかった質問である。彼女は表情を変えずに心からの言葉で答えた。「ノー、ノー、ノー」そう、不平を言うにふさわしくない場であった。「ずっと楽しく過ごしてきたし、公の評価なんて必要ないのよ・・。自分が正しいと分かっていたら、そんなこと構わないでしょ。そんなことで傷つかないでしょ。最後にはうまくおさまるものよ・・」と彼女は言った。

マクリントックは高校生の時から長く憧れていた人生を送ったのである。それは発見のプロセスにとりつかれ、知識を得る時につきものの喜びにとりつかれた人生であった。そして今やそうした生き方を讃えられる機会も得たのである。彼女は記者団に語った。「何か新しい事を思いついて実験することは大きな喜びです。試してみてどうなるか見守ることは、大きな大きな喜びです。とても満足のいく楽しい人生でしたわ」

スウェーデンのカール・グスタフ国王がマクリントックにノーベル賞を贈呈した時、イブニングドレスに正装した出席者は割れんばかりの拍手を送った。彼女の苦労話は世界中の想像力をかき立てていた。逆境と偏見に直面しても優れた研究に忍耐強く専念したことへの関心がこうした反響を呼んだのである。

それからのマクリントック

ノーベル賞授賞後何年にもわたって、マクリントックの高いレベルの研究に見られる類いまれな成果に対して賞讃が高まり続けた。ノーベル賞の授与は、DNA 構造の発見と共に、マクリントックの研究が現代遺伝学の分野における二大発見の一つであることをはっきりと示した。マクリントックはアメリカ人女性初の単独受賞者であり、科学分野では七人目の女性受賞者であり、長期間待たされた二人目の受賞者であり、身長を超える大型植物の研究を専門とした最初の受賞者であった。アメリカ人進化生物学者のマイヤーは彼の著書、“The Growth of Biological Thought: Diversity, Evolution and Inheritance（1982）”の中で、マクリントックのこの分野に対する貢献全てを次の言葉に要約した。「マクリントックは 30 年間、誰にも真似のできない研究の中でトウモロコシがもつ特性を使って遺伝子の作用を解明した。しかしその作用が幅広く生物に普遍的なものであることは、何年も後に分子遺伝学者が同じ結論に達して初めて一般に理解されるようになった」

ノーベル賞をきっかけに、1986 年の「ナショナル・ウイメンズ・オブ・フェイム（女性の殿堂）」入りを含め多くの栄誉が惜しみなく与えられた。しかしながら、どれもマクリントックにとってはこれといって特別に嬉しいものでもなかった。女性であることに多くの関心が集まると、彼女は、女性はもちろんアフリカ系アメリカ人やユダヤ人といったマイノリティーの権利や雇用の機会均等も支持していたため、女性にも可能性があることを身をもって示す役割をひき受けたのだった。この発想は広く受け入れられ、他の女性たちがいわゆる「女性らしい生き方」とは何かを見直すきっかけとなった。彼女の成功は、一般に男性的と認識されている特徴によるところが大きかった。積極的に自分の自由を守る、孤立をいとわない、全体像をつかみ物事に対し主観を持たず客観視することを受け入れる、いわゆる「既成概念にとらわれずに考える」、そして、もちろん、ドレスよりもズボンを履いて過ごす時間が長いといったところである。しかしながら、彼女はそんなに熱心に意図していたわけではないと言う人も出てきた。ケラーが書いた伝記、“A Feeling for the Organism「動く遺伝子―トウモロコシとノーベル賞」”が 1983 年に出版された時、マクリントックのトウモロコシについての「奥深い知識」や「神秘的な理解」といった著者の言い回しは、女性特有の科学のスタイルを求めている読者たちの注目を引いた。この伝記はマクリントックについての最も有力な情報源の一つであるが、5 回に渡る取材の後で、マクリントックについての企画側のイメージと実像との間にある明らかな違いにさぞ困惑したことであろう。ケラーはマクリントックの存在も、素晴らしい才能もベールに包まれていると見ており、「自分らしくあること、そして他人と違うことに情熱を注ぐ」女性として描いた。これは西洋の伝統である合理的な思考や科学的な方法よりも東洋的な思想を好み、科学の客観性を敬遠する人々を魅了した。実際は、マクリントックは個々の事例を追及し、得られた証拠をさらに固めて、普遍的かつ根本的な生物学の真理を明らかにしようと努めていた。そしてトウモロコシという窓から進化という偉大な生物学的法則を観察したのである。彼女をよく知る人の多くは、ケラーがいう所のマクリントックの孤立や神秘性には首をかしげ、この点では意見が割れたのである。マクリントック自身は自分が神秘的であるとは見なさず、自分が理解できないことは受け入れも拒否もしないだけとコメントし、「そうね、わからないわね」と言ったものだ。

ノーベル賞受賞の発表の後、マクリントックは講演の依頼、その他の受賞、インタビューの申し込みなど、私生活を乱し、いつも通りの仕事を邪魔するものにうんざりさせられた。注目されすぎたためかケラーの本が出版されても読もうとはしなかった。辟易とした彼女は「自分についての本と関わりたくない。世間の注目なんていや」とこぼした。いつも通り彼女は「自分自身」には関心がなかった。ところがこの本はよく売れ、マクリントックという人物、彼女の研究、そしてやりたいことをやり続ける権利をいかにして勝ち取ったかが人々の興味を大いにかき立てたのである。

晩　年

ゲッパート＝メイヤーが 1963 年にノーベル物理学賞を受賞した時、

彼女はインタビューで、「科学好きにとって研究さえ出来れば、それで良いのです。ノーベル賞の受賞には感激しましたが、それで変わるものは何もないのです。」マクリントックの場合も受賞は全く重要なことではなかった。彼女は可能な限りただ研究を続けたのである。

1日12時間の研究生活は、80代後半になっても続いた。ただ、体を動かすことについては日課としていたランニングを動きが穏やかなエアロビックスダンスに変えた。いつものように熱心に学術雑誌を読み、分子生物学ならびに幅広く他の分野の進歩にも後れを取ることなく把握していた。きちんと積まれた雑誌は色分けされた下線と注釈の書き込みで一杯であった。

マクリントックの90歳の誕生日に、分子生物学者であるフェドロフ（マクリントックと共にトウモロコシの動く遺伝子の分子生物学的解析

(写真) マクリントックの研究活動は衰えず、晩年になっても熱心に会議に参加し、新たな知識を得ることを怠らなかった。この写真は、1980年代後半に開かれた「突然変異誘発因子としての真核生物の動く遺伝子の働き」という会議で、コールド・スプリング・ハーバー研究所の前所長であるケアンズと話しているところ。

に取り組んだ）が他の友人とともに彼女の栄誉を称えて、“The Dynamic Genome”というエッセイ集を贈った。エッセイを執筆した友人達はその他の友人たちをまじえて集まり、ワトソン家の庭先でそのエッセイを読み合った。そしてフェドロフの言葉を借りれば、「この遺伝学の世紀の数十年間に渡って燃え続けたマクリントックの知性の激しい炎、その火花に焚き付けられた探究と情熱」を懐かしんだ。

マクリントックは90歳になろうとした時、来客に、「私はもうすぐ90歳になりますが、私の家族はみんな90で終りなのよ。私もそれを感じ始めたわ」と言った。彼女は既に人生の幕を閉じようとしていた。そして1992年9月2日、マクリントックはニューヨーク州ハンチントンにあるコールド・スプリング・ハーバーの近くで亡くなった。自ら予想したように、90歳の死であった。

9.

バーバラ・マクリントック：人となりとゆるぎない科学

語りつくされたマクリントックの物語の中に、ひとつ答えに窮する疑問が潜んでいる。「トウモロコシの制御因子についてマクリントックの洞察が正しかったのであれば、その時の学会の常識が間違っていたのか」である。答えは「イエス」である。科学者も誤ることがある。検証できる最良の説はまず正しいとされ、誰でもその再現性を検証できるものが差し当たりはベストの説といえる。マクリントックの場合にそうであったように、時には仮説が十分に検証されないがために、新事実と認められないこともある。マクリントックのかつての教え子であり、同僚でもあるクレイトンは「問題を正しく把握しなさい」と言ったことがある。そうすれば、いずれは誰かがその問題に答えようとし、新たな試験や実験が行われてデータが得られ、科学はおのずと正しい方向へと向かうのである。これは科学の優れた点の一つである。研究者達が私たちの世界を理解するという大きな仕事を少しずつ続けていくうちに、科学はいつもみずから軌道修正して行くのである。

マクリントックの哲学

マクリントックは生涯、自立と主体性を自分の生き方としていた。コーネル大学の学生時代から、コールド・スプリング・ハーバーで過ごした最後の日々まで、家族、友人、知人そして学校の運営側との人間関係で煩わされることのない生き方に徹していた。同時代を生きた女性研究者の中には、家庭と仕事のどちらも求めた人もいる。彼女より前の世代では、マリー・キュリーが夫ピエールの死後、いわゆる現在のシングル・マザーとして娘を一人で育てあげ、仕事と家庭の両立のために大変な苦労をした。手伝ってくれる人はいたであろうが、責任は全て彼女が背負い込んでいた。一方、マクリントックにはそのような親密な家族関係や相互依存的な関係は全く必要なかった。たとえ必要とした時でも表には出さなかっただろう。考え方が違うのである。マクリントックが唯一望んだ深いつきあいは緊密で長く続く研究上だけのものであっただろう。彼女を理解し、同じ考えを持つ人にとっては良き友人であった。ただ誰にも借りを作ることがなく、特別扱いも望んではいなかった。科学における実績にのみ評価を求めたのである。それ以外では女優のグレタ・ガルボのセリフのように、「一人にしておいて」とだけ望んだのである。好奇心を呼び起こすものを探求し、彼女の人並はずれた分析能力なしには解けない謎を追い求めた。

キュリーとマクリントックは他人との向き合い方こそ違っていたが、自分たちの人生を語る言葉のはしばしに科学への没頭がともに見られた。キュリーは食べるものにもことかき、冬には水の表面が凍る桶で洗い物をするような生活も研究のためには辛抱したことを何度も語っている。一方マクリントックは思いがけない幸運、発見の喜び、問題解決の楽しさについて語っている。考えが受け入れられなかったり、仲間から疎外されるつらい時期もあり、傷ついたにもかかわらず自分の人生を愛していた。2 人はともに科学と知識の探求に人生を捧げ、その献身のさまを世に伝えようとしたのである。

マクリントックは自分自身のことを仕事上ですらあらゆる義務とは無縁の人間であると思っていた。自分はしたいことをしているだけ、の一点張りであった。「学問で身を立てるという考えはありませんでした。やってきたことがとても面白かったので、心から楽しんだだけなのです」この発言の真意は、彼女が自分に課したことは他の人とは関係なかったということだろう。おそらく無意識で自分自身に誓いを立て、いつも自分に正直であること、自分の夢を追いつづけることとし、それを守ったのであろう。何ごとにも、誰にも人生の邪魔はさせなかった。自分に許された方法は全て使って、自分の人生を切り拓いた。

マクリントックは同分野の研究者に聞く耳を持たれず、その上研究成果も受け入れられないという不遇の年月を過ごした。それでも彼女はゆるぎなかった。コーネル大学の細胞学グループで経験したような仲間との繋がりがなくとも、楽しく、それどころか喜びいさんで研究するすべを身につけた。孤独だった境遇をむしろ活かして、一層熱心に研究に取り組み、謎を解き、新しく発見したことがらを探求することに喜びを見いだした。

1980年代のことであった。マクリントックはハーバード大学で生物学の講義を終えた後、学生と雑談していた時、次のようなアドバイスを与えた。「研究対象としている生物のあらゆる面を『時間を惜しまずよく観察しなさい』そうすれば生命体の中に隠されている生物の複雑なシステムを見いだし、完璧に理解することが出来ます」。生物学者と同じく、学生たちにも彼女が言いたい事は理解できた。新しい技術の習得や次つぎと入ってくる予定、そして研究費の獲得や特許の取得など研究以外の「業務」の重圧にも拘らず、生物学を本当に研究していくためには、充分熟考する時間が必要である。これにより初めて、より高い次元の思考法を生み出す深い理解が得られる。またこれにより初めて、真に生産的な精神状態になり、頭の中で新たな統合や創造がひらめくのである。

20世紀を通じて

マクリントックが生涯続いた細胞遺伝学の研究をしていた時期は、生物学分野において1世紀にわたる劇的な変化が続いた時期でもあった。実験方法が時代遅れで、実験材料にトウモロコシしか扱わないマクリントックは、多くの分子遺伝学者から異端児とのレッテルを張られた。彼女がトウモロコシについて語ると他の人に言葉は通じず、一昔前の言葉で話していると思われた。その頃までには、分子生物学や分子遺伝学が最先端の研究となっていた。研究に細菌を使うとトウモロコシやショウジョウバエと比べて断然高い世代交代率が得られた。例えば大腸菌を使うと一日に 50 世代、つまり 1 年で約 15, 000 世代交代を得ることができたのだ。そんな中、タイム誌はある号で、「分子遺伝学者がマクリントックに『追いつき』始めた」と書いた。結局、マクリントックは意味不明のことを話していたのではなく、昔から全ての生物に通ずる真理を語り続けていたのである。1960 年代をかけてジャコブとモノーがたどり着いたところ、二人が細菌を使って発見したオペロンシステムと「動く遺伝子」は近い関係にあった。そしてそれはマクリントックが 1960 年の論文で指摘していたものであった。これが認められたことにより「動く遺伝子」はトウモロコシに限定された特別の現象ではないことがわかり、今日では普遍的な現象として認知されている。実際には細菌の方が「動く遺伝子」をより簡単に検出することができる。取り扱える個体が多いため、特定の性質を調べる実験がより容易になったのである。

1983 年、マクリントックのノーベル賞受賞が発表された。しかしそれよりも以前に多くの研究者仲間は彼女の科学上の貢献を認めるようになっていた。彼女にとって科学は出世の道具ではなく、一番先に発見することによって得られる富と名声を求めるための手段でもなかった。新しい情報を発見し、新しい事実を絶え間なく進歩する科学の世界観の中に統合するという美学のための手段であった。

今日、マクリントックの「動く遺伝子」についての研究は、切断と再結合が起きる時の染色体に生じる一連の過程として認められるようになっている。これは遺伝子工学や病気を理解する上で大きな進歩につながった。例えば、分子生物学者フェドロフによれば、ペンシルベニア州立大学では 20 年ほど前に研究室でトウモロコシの「動く遺伝子」をクローニングしたが、それは今でも、挿入変異法による突然変異原として広く使われている。

「動く遺伝子」の研究により、どうして細菌が多数の抗生物質に対して耐性を獲得するのか、また「動く遺伝子」がどのようにして正常な細胞のガン化を促進するのかが明らかになったのである。

「良い人生だった・・・」

2005年、米国郵便公社は20世紀の偉大なアメリカ人科学者を記念する切手集を発行した。その中にはマクリントックも入っていた。人々はマクリントックのエピソードを聞いて彼女を孤独な人間、それも差別の犠牲者のように受け止める人は多いが、彼女自身はこのように見られるのは全く心外であった。研究一筋ではあったが寂しくはなかった。自分の大学時代について彼女が語った言葉がある。「べたべたした人間関係は長くは続かないものよ。私は人に合わせることはなかった。誰とも、家族とさえもべたべたした人間関係をもったことはなかったのよ」これは一人で生きて来た人生を悔いる言葉ではない。独りでいたからこそ考える時間があったのである。マクリントックは、その他の女性研究者と同じように差別されたが、自分を犠牲者として見ることはなかった。

友人たちの変わらぬ友情と最終的には寄せられた尊敬が、彼女が如何に特別で孤高の人であったかを物語る。そんな彼女だからこそ、研究があらがえない力で引き寄せたのである。1983年、マクリントックはコールド・スプリング・ハーバー研究所の記者会見で語った。「良い人生でした。これ以上のものは考えることもできません。ええ、本当に。本当に満足できる楽しい人生を過ごしてきました」。友人の間ではマクリントックは並外れた頭脳を持った天才と言われていた。彼女は物の言い方がそっけなく、ストレートであった。そして周りの者にも同じことを期待した。同じペースで前進し、自分から全てを学び取って欲しいと願っていた。友人のグリーンは、後にも先にもマクリントックのような人物は現れないだろうと言った。彼女は、ワトソンが称したように20世紀の最も偉大な遺伝学者の一人であり、ローズが称したように彼女の生きた時代における偉大な知の巨人の一人であった。

年　表

1902年	6月16日バーバラ・マクリントック、アメリカ合衆国コネティカット州ハートフォードにて誕生。
1908年	マクリントック一家、ニューヨーク州ブルックリンに転居。
1915年	モルガン、1902年に提案した遺伝の染色体論を論文として発表。
1916–19年	エラスムス・ホール高校に在学。
1919年	ニューヨーク州イサカのコーネル大学農学部に入学。
1923年	コーネル大学にて学士号取得。
1925年	コーネル大学にて修士号取得。
1927年	コーネル大学にて博士号取得。
1927–31年	コーネル大学にて植物学補助教員に就く。
1929年	単独執筆の最初の主要論文“Chromosome Morphology in Zea mays（トウモロコシにおける染色体の形態）”がサイエンス誌69巻629頁に掲載される。
1931年	クレイトンと共著の論文が8月7日版の米国科学アカデミー紀要に掲載、減数分裂時の遺伝子の交叉を発表。
1931–33年	米国学術研究会議より2年間の奨学金を獲得。環状染色体について発表（ただし2人目）。核小体形成領域（NOR）を命名。
1933–34年	ドイツでの研究のためグッゲンハイム財団より奨学金獲得。ドイツ国内の政情不安により早期帰国。

1934–36年	ロックフェラー財団から奨学金を得てコーネル大学で助手に就く。
1936–42年	ミズーリ大学の植物学の助教となる。スタッドラーと共に染色体に対するX線の効果について研究。
1938年	切断–融合–染色体橋（BFB）サイクルを命名。
1939年	米国遺伝学会の副会長に選ばれる（最初の女性役員）。
1943年	コールド・スプリング・ハーバー研究所（ワシントン・カーネギー協会設立）遺伝学部門の常勤研究員となる。
1944年	アカパンカビを研究し、7本の染色体を同定。
1944年	米国科学アカデミーの会員に選出される。この栄誉を手にしたのは女性としては3人目。
1945年	米国遺伝学会の会長に選ばれる（最初の女性会長）。
1946年	米国哲学協会会員に選ばれる。
1947年	米国大学婦人協会教育基金より業績賞受賞。
1951年	転移因子（トランスポゾン）、別称「動く遺伝子」の論文をコールド・スプリング・ハーバー研究所での学会で発表。聴衆から冷たい反応を受ける。
1953年	トランスポゾンについて二報目の論文発表。ワトソンとクリックがDNAの二重らせん構造を発表。分子生物学への関心が高まる。
1956年	マクリントック、コールド・スプリング・ハーバー研究所にてトランスポゾンについてさらに一報の論文を発表。
1957–59年	ロックフェラー財団の資金援助を受け、ラテンアメリカでのトウモロコシの起源についての細胞学的研究の指導に従事。
1959年	アメリカ芸術科学アカデミーの会員に選ばれる。

1963–81年 ノースカロライナ州立大学にてトウモロコシの進化をたどる研究とラテンアメリカの遺伝学者たちの指導に従事。

1965年 コーネル大学にてアンドリュー・ホワイト記念教授の地位を授与される。

1967–92年 コールド・スプリング・ハーバー研究所（ワシントン・カーネギー協会・遺伝学部門）にて特別功労研究員となる。

1967年 米国科学アカデミーキンバー遺伝学賞受賞。

1970年 女性初のアメリカ国家科学賞受賞。

1973年 コールド・スプリング・ハーバー研究所内にてマクリントック研究棟設立。

1980年 マクリントックの研究は細菌のトランスポゾンへと繋がる。

1981年 マッカーサー栄誉賞、アルバート・ラスカー基礎医学研究賞、ならびにローズと共にトーマス・ハント・モルガン賞を受賞。

1983年 ノーベル医学・生理学賞を単独受賞。

1987年 “The Discovery and Characterization of Transposable Elements: The Collected Papers of Barbara McClintock” が出版される。

1992年 9月2日、ニューヨーク州ハンティントンにてマクリントック逝去。享年90歳。

2003年 ヒトゲノムプロジェクトが完成。ヒトの遺伝子地図が遺伝学に役立つようになる。

用語集

遺伝：遺伝子が制御する形質を世代間で受け継ぐこと。

遺伝学：遺伝に関わる染色体や遺伝子、世代間で受け継がれるさまざまな形質がどのように子孫に現れるか、などを研究する生物学の一分野。

遺伝子：遺伝情報の運び手。細胞核の染色体にあることがわかっている。

核小体：細胞核の中に見られる小さな球体。リボソーム（タンパク質の生産工場）の主要な部分を製造する場所である。

核小体形成領域（NOR）：核小体の形成に関係する染色体の一領域。

仮説：今後の調査や実験の基礎とするために考案された説で、調査や実験の結果しだいで将来法則や理論となる可能性がある。

環状染色体：両方の端が繋がって輪になった異常な染色体。

キアズマ：減数分裂の際に、対合した相同染色体で見られるX字型の場所。

形質：一つまたは複数の遺伝子で制御された質的あるいは量的な性質のこと。たとえば花の色や植物の高さなど。

ゲノム：親から子へ遺伝する、ひとつの生物種の染色体（あるいは染色体が持つ遺伝子）全体のこと。

減数分裂：植物を含む真核生物で、一般に有性生殖の際に起こる細胞分裂の過程。細胞の核が、一旦複製された後、半数の染色体を持つ4つの核に分裂する（「有糸分裂」を参照）。このようにして生じた娘細胞は、「配偶子」「性細胞」などと呼ばれる。トウモロコシの雄花では減数分裂で小胞子と呼ばれる娘細胞が生じ、それが有糸分裂して成熟した花粉となる（花が咲くほかの植物でも同じことが起きる）。

交叉：おもに減数分裂のときに相同染色分体の間で起こる染色分体の交換現象。結果として遺伝的な組換えが生じる。

酵素：生化学反応の速度を調節する特別なタンパク質。

細胞：膜で包まれた生物の基本単位。

細胞遺伝学：細胞学と遺伝学を統合した、細胞構造と遺伝との関係を研究する学問分野。

細胞学：細胞の形態や機能を研究する学問分野。

雑種：同じ種の中の異なった変種や品種の間、あるいは異なった突然変異体などの間の交配で生じた植物または動物。

子葉：芽生えた種子から出る最初の葉

セントロメア：有糸分裂の際に、2つの染色分体が結合したままでいる場所であり、紡錘体から伸びた微小管が結合する。

染色分体：DNA 複製で生じた染色体対のそれぞれを指す。

染色体：有糸分裂のときに見られる棒状の構造体で、生物で発現する形質を制御する遺伝子を持つ。遺伝子は染色体により次の世代に受け渡される。

DNA（デオキシリボ核酸）：分子レベルで遺伝情報を運ぶ化学物質（核酸）。染色体は主に DNA から構成される。

転移因子：可動性遺伝因子。「動く遺伝子」「トランスポゾン」と呼ばれることもある。染色体上の位置を変えたり、別の染色体に動いたりすること（転移）ができる染色体中にある DNA の一部分。転移することで、近くにある遺伝子の働きに影響を与えることがある。

突然変異：遺伝子や染色体に（たとえば X 線の照射などによって）起きる構造的な変化。子孫に伝わり、場合によっては形質を変化させることがある。

トランスポゾン：もともとは抗生物質耐性遺伝子などを持つバクテリアの転移因子のことだが、それ以外の転移因子もトランスポゾンと呼ばれることがある。

二倍体：ライフサイクルの中で、1 対 2 本の染色体（相同染色体）の組を核に持つ（「半数体」の倍の数の染色体を持つ）時期の細胞、または個体。

配偶子：通常 1 対 2 本の染色体の組を 1 本ずつの組（半数体）しか持たない特別な細胞（たとえば卵細胞や精細胞）で「性細胞」としても知られる。

胚乳：種子の中にあって、発芽するときに胚（将来植物体になる部分）に栄養を供給する組織。

半数体：それぞれの核において、染色体を1組しか持たない細胞、または生物。

斑入り：植物の葉や花の組織で元々の色が、部分的に違った色になる場合をいう。

付随体：染色体の端に繋がった小さな粒状の構造。連結部分は二次狭窄と呼ばれ、そこに核小体を作る遺伝子が位置する。

紡錘体：有糸分裂のときに見られるラグビーボールのような形をした構造体で、細胞の両端から繊維（微小管）が放射状に伸びている。

有糸分裂：母細胞から同じ数の染色体を持つ2つの娘細胞が生じる細胞分裂（「減数分裂」を参照）。

優性：違った形質を持つ親同士が交配した場合に子に現れる方の形質を優性形質、また優性形質を制御する遺伝子を優性遺伝子と呼ぶ（「劣性」を参照）。

理論：自然科学では、多くの人によって完全に客観的に確かめられた物事の説明を指す。

劣性：同じ形質を持つ親同士が交配した場合にのみ子に現れる形質を劣性形質、また劣性形質を制御する遺伝子を劣性遺伝子と呼ぶ（「優性」を参照）。

連鎖：複数の遺伝子が互いに同じ染色体の近くの場所に存在していて、子孫に別々の染色体に乗っている場合よりも高い頻度で一緒に遺伝すること。

訳者あとがき

バーバラ・マクリントックが50年以上にわたって研究生活を送ったコールド・スプリング・ハーバー研究所は、ニューヨーク州ロングアイランドのノースショア（北海岸）にある。マンハッタンから車で東に向かって1時間足らず、独立戦争の100年以上も前に開かれたハンティントンの街をぬけて海岸沿いにでると、開けた木立の中にコロニアル様式の研究棟が点在する研究所が見えてくる。それがコールド・スプリング・ハーバー研究所である。マクリントックの在世当時から現在に至るまで、毎年、シンポジウムやワークショップ、様々なコースを展開し、世界の分子生物学研究のメッカとして多くの研究者を受け入れ、一流の研究者を輩出してきた。

その研究所のホームページの中に、“The Memory Board at Cold Spring Harbor Laboratory（記憶のなかのコールド・スプリング・ハーバー）<http://dnalc03.cshl.edu/wp/vb/index.php>”というコーナーがある。このページの“People（人々）”の項をクリックすると、コールド・スプリング・ハーバー研究所を舞台に活躍したデルブリュック、ワトソン、スタール、ハーシェイといった分子遺伝学史上の幾多の巨星たちと、彼らにかかわった、これもまた著名な仕事をした研究者たちの何気ないエピソードが、それぞれ数行の文章で書かれている。もちろん、マクリントックのページもある。

そのなかに、マサチューセッツ工科大学（以下、MIT）の生物学部の教授であったナンシー・ホプキンスが、生前のマクリントックとかわした“Women in Science（科学における女性）”に関する会話がのっている

(投稿の日付は2006年1月23日、マクリントックの没後14年ほどのことである)。ホプキンスによれば、彼女が大学院生、マクリントックが70代の時（恐らく1970年代初頭～半ば）に、二人はコールド・スプリング・ハーバー研究所で初めて出会ったのだが、ここでマクリントックは大学院生のホプキンスをつかまえて、彼女（マクリントック）が生きてきた時代が如何に女性研究者にとってつらい時代であったか、男性研究者ばかりの中で正当に自分の研究の場を確保すること、職を得ることがどれほど困難であったか、等々の思いを披歴したのである。一方、まだ元気潑溂、若いホプキンスは、生物学者としての自分の将来にバラ色の夢を描いており、そのような辛い経験は自分の人生には起きるはずもないと考えていたので、できることならそんな苦労話は聞きたくない気分になったようである。

数年後ホプキンスが学位をとり、博士研究員も終えて、いよいよMITに助教として職を得る運びとなったとき、マクリントックがホプキンスに言った言葉は “Don't go to a university, Nancy. The discrimination is so terrible, you will never survive it.”（ナンシー、あなた、大学には就職しない方がいいわ。差別がとてもひどいから、あなたが生き残れるとは到底思えない）というものであった。そして、その後さらに年月を経て、ホプキンスは生物学者としての人生を歩むうちに、大学院生当時にマクリントックの気持ちを良く理解しなかったことに対して申し訳なかったと思うようになった。同時に、彼女をより理解できるようになったとも述べている。

このエッセイを読んだ直後の私の正直な感想は、「あれほどの人が、まさかここまで孤立していたなんて、,,,」というものであった。私は1976年初夏にコールド・スプリング・ハーバー研究所で開催されたInsertion Meeting* という学会で彼女の特別講演を聞いている。“It is me who found the elements!”（因子を発見したのは、他の誰でもない、この私なのです！）と高らかに述べる彼女の調節因子発見に関する基調講演は、実に

堂々たるものであった。学会に参加しているあらゆる人々が彼女を尊敬しており、トウモロコシにおける彼女の発見が、約四半世紀の時を経て細菌や動物の系にも普遍化され、再評価された学会であった。だからこそ、その学会の雰囲気からは、彼女にそのような苦難の時代があったとは、また、彼女の心中にそのような深い傷が癒えぬままに残っていたとは、私にはとても実感できなかったのである。この学会の時期は、ホプキンスとマクリントックが初めて出会った時よりも少し後であろうか？だとすれば、この時期にも、マクリントックは恐らく“Don't go to a university. The discrimination is so terrible, you will never survive it.”と考えていたと思われる。

続いて、すぐに浮かんだ疑問は、それならマクリントックの説をかりに男性研究者が出していたら、その研究者は疎外されなかったかということだ。果たして、どうであろうか？　私は、男女を問わず、時代が同じだったら、同じような経過をたどったのではなかろうかと思う。それとも違った経過をたどったのだろうか？

ここに登場したナンシー・ホプキンスは、今ではゼブラフィッシュの挿入変異体の分離と初期発生の研究でつとに有名な研究者であるが、アメリカにおける「女性研究者の歴史」にもよく名前の出てくる人である。例えば、1994年から4年間にわたって行われたMITの理系女性教授の実態調査“A Study on the Status of Women Faculty in Science at MIT”をリードしたのはホプキンスであった。この時期、ホプキンスは自分の研究室の面積が同僚の男性教授達に比して著しく狭いことに不便と不満を感じ、スペースの増加をもとめた。当初、学部内の上司には断られてしまったそうだが、やがて、MITの理工系の理事が、上述の報告書に基づいて、給与や、研究室の広さ、学内資金などをまず男女平等になるように改めたと言うことだ。

次にホプキンスの名前を聞いたのは、2005年1月、当時のハーバード大学学長ローレンス・サマースが「優れた女性科学者が少ないのは、生まれつきの男女の違いによるのではないか」と発言したときであった

（いわゆるサマース発言）。このサマース発言に対して、最初にはっきりと抗議行動をとったのはホプキンスであった（2005 年 1 月 14 日；“The Memory Board at Cold Spring Harbor Laboratory” のエッセイが書かれる 1 年前であった）。

私にはこれら二つのホプキンスの行動の奥底に、彼女が若い日に聴いたマクリントックの心の叫びがあるように思われてならない。最初のホプキンスのエッセイに戻ってみよう。そこにマクリントックが 80 代後半に至ってもなお、科学における女性の立場の困難さについて “You know, I will never understand this problem.（中 略）There is something biological, I think, in this relationship between men and women（後略）.”（私、未だに全然理解できないのです。男性と女性の関係には、何かしら、生物的な問題があると思うのだけど、,,,）と述べている。

“something biological” とはいったい何を指すのだろうか？　本能的なことも含めて色々考えられるとは思うが、私は、人が持つバイアス（偏見）、あるいは、いわゆるステレオタイプ・スレット（固定観念に対する恐怖）のことではないかと考える。この本の読者のなかにも、男女を問わず、進学、就職、結婚、出産、転勤、昇進といった重大なライフイベントに出会ったときに、初めてこの “something biological” なるものを重く意識した人もいるのではないだろうか？　普段は意識の奥底にひっそりと沈んでいた「固定観念」に足を引っ張られて、一歩を踏み出すのをためらったことはなかっただろうか？

マクリントック自身は、このような「固定観念」には無縁の人であった。だからこそ、本書にも書かれているように、彼女が顕微鏡で細胞を見るときには、透徹した意識をもって細胞の中に降りていき、偏見のない目で周りを見回すことができたのだと思う。現にマクリントックは次のように言い残している。

“You may think they are small when I show you picture of them. But when you look at them, they get bigger and bigger and bigger”**（私が染色体の写真を見せたとき、あなた方はそれを小さいと思うかもしれないけれど、

よくよく見てご覧なさい、どんどん大きく見えてくるのだから、、、)。

そんなマクリントックでも、当初はまさか調節因子 *Ds* が染色体上で移動するとは思っていなかった**。1947 年から 48 年にかけて行った交配実験の結果について考えに考え抜いた結果、*Ds* が動くというアイデアに行き着いたのは、1948 年の晩春であった。のちに、彼女は「細胞にはゲノムを再編成する能力が本来備わっていることは疑いない。今私たちがチャレンジすべきことは、このシステムを解き明かし、なぜ長い期間にわたってこのシステムが動かずにいられるのか、なぜストレスが加わったときにだけ動き始めるのか、そしてその結果がどうなるのか、それを明らかにすることだ」と述べている**。

"Insertion Meeting" のあと、およそ 20 年以上にわたって、分子生物学者たちは、彼女がその存在を予言した調節因子の数々とその働きを分子のレベルで明らかにしていった。それは、マクリントックが遺伝学と顕微鏡観察によって予見した事象を「分子生物学」のことばで置き換えていく作業であったといえよう。そしてその作業はさらに広がりを見せつつ今も続いており、エピジェネティックス、遺伝子サイレンシング、ゲノム科学、分子進化学、などの新しい分野の開拓に繋がっていった。

私たちは「遺伝学の世紀」といわれる 20 世紀にマクリントックという偉大な研究者をもった幸運に感謝しなければならないと思う。マクリントックが経験したこと、そして彼女がそれをどう乗り越えたかを知ることは、読者の皆さんがこれからの人生を生きていく上で何らかの有益な示唆を与えるものと期待する。なお、本書の翻訳については、大坪久子（第 1 章〜第 3 章)、土本　卓（第 4 章〜第 6 章)、福井希一（第 7 章〜第 9 章）がそれぞれ分担し、田中順子が全体の英文に目を通し、読みやすい日本語の表現となるように校閲を行った。

訳者を代表して
大坪　久子

* Insertion Meeting：マクリントックがその存在を予測した調節因子の再評価を記念して、1976年5月18日から21日にかけてコールド・スプリング・ハーバー研究所で開催された。大腸菌やファージの研究者からトウモロコシの研究者までが一同に会したはじめての学会であった。マクリントックが予測したトウモロコシの調節因子と類似の働きをする大腸菌やファージの「動く遺伝子」が報告された初めての学会でもあった。

** The Dynamic Genome, Barbara McClintock's Ideas in the Century of Genetics; eds. N. Fedoroff & D. Botstein, Cold Spring Harbor Press 1992より。
マクリントックの90歳の誕生日を祝って親しい友人たちが編纂した単行本。彼女の細胞遺伝学の時代からノーベル賞受賞講演に至るまでの代表的な論文とともにマクリントックにかかわりのあった研究者たちによる随筆や動く遺伝子の分子生物学的研究も紹介されている。

この訳者あとがきは、大坪久子が日本遺伝学会GGSコミュニケーションズ「GSJ論壇」(2006年6月号）に書いたエッセイ“Barbara vs. Nancy：Women in Science”をもとに、本書の出版にあたって新しく書き加えたものである。

MAKERS OF MODERN SCIENCE

BARBARA McCLINTOCK

Makers of Modern Science is a 10-volume set that profiles the lives and achievements of scientists who made notable contributions to the advancement of science and society. Each volume covers a scientist whose work has had a major impact on a particular field. The scientist's accomplishments are discussed, including the scientific principles and personal struggles underlying his or her work. Employing an array of primary sources—diaries, memoirs, letters, and contemporary news accounts—as well as secondary sources, the set depicts the human drama of scientific work, the challenge of research, and the exhilaration and rewards of discovery.

Barbara McClintock recounts the life and work of the acclaimed scientist whose research in cytogenetics resulted in her being awarded the 1983 Nobel Prize in physiology or medicine, the first time a woman was the prize's sole recipient in that category. The book includes information on McClintock's groundbreaking experiments in the genetics of maize, or Indian corn, which paved the way to today's cutting-edge discoveries in genetic engineering and bacterial reactions to antibiotics; the physical location of genes with chromosomes; the breakage-fusion-bridge cycle; and the struggles McClintock faced to maintain her integrity in a male-dominated environment.

Barbara McClintock includes 30 photographs and line illustrations, a glossary, a chronology, a list of print and Internet resources, and an index. Makers of Modern Science is an essential set for students, teachers, and general readers that provides a factual look at the lives and outstanding contributions of prominent scientists.

THE MAKERS OF MODERN SCIENCE SET

Robert Ballard
Niels Bohr, Revised Edition
Wernher von Braun, Revised Edition
Richard Feynman
Rita Levi-Montalcini
Barbara McClintock
Jonas Salk, Revised Edition
Alan Turing
Alfred Wegener
Chien-shiung Wu

Ray Spangenburg and **Diane Kit Moser** have been writing about science for more than 25 years. They are the authors of more than 50 books, including Facts On File's The History of Science set, as well as of a popular series of books on astronomy and space exploration. Former journalists and editors, they have written for numerous magazines, including *The Scientist, Science Digest, Space World,* and *Final Frontier.*

【訳者略歴】

大坪久子
日本大学薬学部薬学研究所 上席研究員，元日本大学総合科学研究所 教授
専門は「動く遺伝子とゲノム動態の生物学」

田中順子
大手語学学校 英語非常勤講師，大阪大学大学院工学研究科 英語非常勤講師
専門は「日本人大学生のための英語教育ならびにビジネス翻訳」

土本　卓
大阪大学大学院工学研究科
国際環境生物工学（住友電工グループ社会貢献基金）寄附講座 特任准教授
専門は「乾燥地油料植物と動く遺伝子の研究」

福井希一
(財) 染色体学会 理事長，鳥取大学染色体工学研究センター 特任教授
専門は「染色体の構造解析」

2016
バーバラ・マクリントックの生涯
検印省略

定価（本体1800円＋税）

2016年 8月25日　第1版第1刷発行

訳　者　大坪久子
田中順子
土本　卓
福井希一

発行者　株式会社　養賢堂
代表者　及川　清

印刷者　株式会社　三秀舎
責任者　山本静男

発行所　〒113-0033 東京都文京区本郷5丁目30番15号
株式会社 養賢堂
TEL 東京(03)3814-0911 ［振替00120-7-25700］
FAX 東京(03)3812-2615
URL http://www.yokendo.co.jp/
ISBN978-4-8425-0552-7　C1040

PRINTED IN JAPAN　製本所　株式会社三秀舎